密码学数学基础

黄　征　编著

上海交通大學出版社
SHANGHAI JIAO TONG UNIVERSITY PRESS

内容提要

"密码学数学基础"是网络空间安全和计算机类专业的一门基础课程,课程涉及数学领域较广,为方便教学而编写了本教材.全书共8章,内容包括基本数论、布尔函数、群、环和域、域扩张和有限域、Gröbner 基、椭圆曲线、格等数学基础理论和算法.本书用 SageMath 数学工具实现了丰富的例题,可以有效加深学生对数学基本概念的理解,提升学生灵活应用数学工具的能力.

本教材可以作为高校网络空间安全专业的教材,也可以作为学生的参考工具书,为后续密码算法和密码分析的学习和科研打下扎实的数学基础.

图书在版编目(CIP)数据

密码学数学基础/ 黄征编著. -- 上海 : 上海交通大学出版社，2024.11 -- ISBN 978-7-313-31596-0

Ⅰ. TN918.1; O1

中国国家版本馆 CIP 数据核字第 2024HE5707 号

密码学数学基础

MIMAXUE SHUXUE JICHU

编　　著：黄　征

出版发行：上海交通大学出版社　　地　　址：上海市番禺路 951 号

邮政编码：200030　　电　　话：021-64071208

印　　制：上海景条印刷有限公司　　经　　销：全国新华书店

开　　本：787 mm×1096 mm　1/16　　印　　张：9

字　　数：204 千字

版　　次：2024 年 11 月第 1 版　　印　　次：2024 年 11 月第 1 次印刷

书　　号：ISBN 978-7-313-31596-0

定　　价：39.00 元

前言
FOREWORD

密码学数学基础是网络空间安全和计算机类专业的一门基础课程.本书专为该课程的教学而撰写,涵盖素数基本理论与素数判定算法、布尔函数基本理论与布尔函数的密码学性质、Gröbner 基及其密码学应用、椭圆曲线理论和实现方法、格的基本理论和后量子密码算法、代数数论等数学基础理论和算法,可以作为学生的工具书,为后续密码算法和密码分析的学习和科研打下扎实的数学基础.本书使用 SageMath 数学工具使例题更加丰富,可以有效加深学生对数学基本概念的理解,提升学生灵活应用数学工具的能力.

上海交通大学网络空间安全学院于 2020 年新开设密码学数学基础课程,该课程涵盖的数学内容分布在多个数学领域,如初等数论、抽象代数、有限域理论、代数数论等.目前市面上缺少涵盖所有内容的适合的教学用书,而相关数学领域的书籍体系庞大,数学基础要求高、学时长,不适合作为计算机应用/网络空间安全专业学生的教材.为此,作者觉得很有必要为密码学数学基础课程开发建设适合的教材,这正是本教材成书之目的.

上海交通大学研究生核心课程教材培育项目支持和鼓励了作者的撰写工作,在此表示感谢.另外,本书还得到了国家重点研发计划“区块链”重点专项“基于区块链的大规模分布式可信智能计算关键技术及应用”(项目号：2023YFB2703700)和自然科学基金重大研究计划项目“深度学习隐私保护计算新型体系框架”(项目号：92270201)的资助.作者从 2006 年开始参与信息安全数学基础课程的教学,参与编写过多本教材,积累了二十年教学经验.吾生也有涯,而知也无涯,作者常感水平有限,虽然二十年来学而不厌,诲人不倦,仍不可避免有谬误之处,敬请读者指正.

目录
CONTENTS

第 1 章
基本数论

初等数论是中小学数学竞赛的重要内容之一，因此很多学生从小学开始就接触到初等数论的相关内容.初等数论研究整数的性质.本章先来“温故而知新”.

1.1 整除

1.1.1 整除

定义 1.1(整除) 定义“|”为**整除**的符号，整除的定义如下：

$$a \neq 0,\ a \mid b \iff \exists l,\ \text{s.t. } b = al$$

我们称作 a 整除 b.如果 a 整除 b，那么 a 是 b 的**因数**.

命题 1.1 整除有如下性质：

(1) $a \mid b,\ b \mid c \Rightarrow a \mid c$.

(2) $a \mid b,\ a \mid c \Rightarrow a \mid (bs + ct)$.

(3)（带余除法）$\forall a,\ b(b > 0),\ \exists q,\ r,\ \text{s.t. } a = bq + r\ (0 \leqslant r < b)$.

定义 1.2(最大公因数) 给定的 $a_1,\ a_2,\ \cdots,\ a_n$ 不全为 0，集合 $\{d:\ d > 0,\ d \mid a_1,\ d \mid a_2,\ \cdots,\ d \mid a_n\}$ 为有限集合，则其极大元存在且唯一，称为 $a_1,\ a_2,\ \cdots,\ a_n$ 的最大公因数（greatest common divisor, GCD)，记作 $(a_1,\ a_2,\ \cdots,\ a_n)$，或者记作 $\gcd(a_1,\ a_2,\ \cdots,\ a_n)$.

最常用的是求两个数 a 和 b 的最大公因数，记作$(a,\ b)$.

1.1.2 欧几里得算法(辗转相除法)

中学时我们学过求最大公因数，而欧几里得算法（Euclid's algorithm)（也称辗转相除法）就是求取两个非负整数的最大公因数的方法.

命题 1.2(欧几里得算法) 在带余除法中，$\forall a,\ b(b > 0),\ \exists q,\ r,\ \text{s.t. } a = bq + r\ (0 \leqslant r < b)$，于是可得 $(a,\ b) = (b,\ r)$.

证明： 记 S_1 为 a 与 b 的所有公因数组成的集合，S_2 为 b 与 r 的所有公因数组成的集合.显然这两个集合都是有限集合. 对任意 $d \in S_1$，$d \mid a$，$d \mid b \Rightarrow d \mid r \Rightarrow d \in R_2$（命题 1.1）. 同理，对任意 $d \in S_2$，$d \mid b$，$d \mid r \Rightarrow d \mid a \Rightarrow d \in R_1$（命题 1.1）. 所以，$S_1 = S_2$，两个集合的极大元也相同，于是可得 $(a, b) = (b, r)$.

例 1.1（求最大公因数） 输入 a，b，求 (a, b).

用带余除法求 $a = bq_1 + r_1$.

用带余除法求 $b = r_1q_2 + r_2$.

用带余除法求 $r_1 = r_2q_3 + r_3$.

……

直到 $r_{n-1} = r_nq_n + 0$ 终止，则 $r_n = (a, b)$.

命题 1.3 关于最大公因数有几个基本的性质，对于整数 a，b，n：

(1) $(a, b) = (a \pm b, b)$.

(2) $(na, nb) = n(a, b)$.

定义 1.3 给定整数 a，b.如果 $(a, b) = 1$，那么我们称 a 和 b **互素**.

与最大公因数相对应的有最小公倍数，我们常用 $\mathrm{lcm}(a, b)$ 或者 $[a, b]$ 表示两个数 a 和 b 的最小公倍数.显然，$[a, b] = \dfrac{ab}{(a, b)}$.

1.2 连分数

定义 1.4（连分数定义） $a \in \mathbb{R}$，a 的连分数形式可以按如下步骤进行计算.

令 q_1 为小于 a 的最大正整数，即 $0 < a - q_1 < 1$，于是存在 $a_2 = \dfrac{1}{a - q_1}$，$a_2 > 1$，使得 $a = q_1 + \dfrac{1}{a_2}$. 如果 a_2 不是整数，那么 a_2 也可以写成 $a_2 = q_2 + \dfrac{1}{a_3}$ 的形式，其中 $0 < a_2 - q_2 < 1$，$a_3 = \dfrac{1}{a_2 - q_2}$，$a_3 > 1$. 故

$$a = q_1 + \cfrac{1}{q_2 + \cfrac{1}{a_3}}$$

当 a_n 为整数时，过程终止，得到的结果就是 a 的连分数形式.（注意，这个过程有可能不终止.）

例 1.2 求 $\dfrac{10}{7}$ 的连分数形式.

解： $\frac{10}{7}=1+\cfrac{1}{2+\cfrac{1}{3}}$.

例 1.3　求黄金分割数 $\phi=\frac{\sqrt{5}-1}{2}$ 的连分数.

解： 显然有 $\frac{\sqrt{5}+1}{2}=\phi+1$.因为$(\sqrt{5}-1)(\sqrt{5}+1)=4$,所以$\frac{\sqrt{5}-1}{2}\cdot\frac{\sqrt{5}+1}{2}=1$,即 ϕ 与 $\phi+1$ 互为乘法逆元.

$$\phi=\frac{\sqrt{5}-1}{2}=\frac{1}{\frac{\sqrt{5}+1}{2}}=\frac{1}{\phi+1}$$

于是可得

$$\phi=\cfrac{1}{1+\cfrac{1}{1+\cfrac{1}{1+\cdots}}}$$

根据上式,可以用程序写出黄金分割数的近似计算代码,精确到小数点后 7 位的值为 0.618 034 0.

例 1.4(与连分数比较相似的一个有趣例子,不符合连分数定义)　自然对数的底 e 的表示.

解： $\mathrm{e}-1=1+\cfrac{2}{2+\cfrac{3}{3+\cfrac{4}{4+\cfrac{5}{5+\cdots}}}}$.

命题 1.4(连分数和有理数)

$$\alpha\in\mathbb{Q}\Leftrightarrow\exists q_1,\cdots,q_n\in\mathbb{Z},\ \text{s.t.}\ \alpha=q_1+\cfrac{1}{q_2+\cfrac{1}{q_3+\cdots+\cfrac{1}{q_n}}}$$

证明： 根据有理数的定义,必要性(⇐)是显然的,下面仅证明充分性.

由条件 $\alpha\in\mathbb{Q}$,那么不妨假设 $\alpha=\frac{a}{b}$,其中 $a>b$. 使用欧几里得算法,$a=bq_1+r_1$,所以 $\frac{a}{b}=q_1+\frac{r_1}{b}$,其中 $0\leqslant\frac{r_1}{b}<1$.

同理,$\frac{b}{r_1}=q_2+\frac{r_2}{r_1}$,其中 $0\leqslant\frac{r_2}{r_1}<1$. 于是

$$\alpha = q_1 + \cfrac{1}{q_2 + \cfrac{r_2}{r_1}}$$

由于欧几里得算法会在有限步之后终止，因此 α 可以用有限连分数的形式表示.任何一个正有理数写成连分数的形式，也有与之对应的一串正整数 $(q_1, q_2, \cdots, q_n)$，这些正整数正好是欧几里得算法得到的商.

命题 1.5　有理数对应的正整数串是有限的，无理数对应的正整数串是无限的.

例 1.5　有理数$\frac{105}{38}$对应的正整数串是(2, 1, 3, 4, 2).

1.3　素数

定义 1.5　大于 1 且只能被 1 和自身整除的正整数为**素数**，素数又称为质数.大于 1 且不是素数的整数是**合数**.

命题 1.6　p 是一个素数，对于任意整数 a，有 $p|a$ 或者 $(p, a)=1$.

引理 1.1(欧几里得引理，Euclid's lemma)　如果素数 p 整除两个整数(a 和 b)的乘积 ab，那么 p 能整除 a 或者能整除 b，即 $p \mid ab \Rightarrow p \mid a$ 或 $p \mid b$.

以欧几里得命名的数学概念很多，如欧几里得引理、欧几里得定理(Euclid's theorem)及欧几里得算法，它们的含义是不同的.

命题 1.7(欧几里得引理推广)　如果 $p \mid a_1 a_2 \cdots a_n$，那么 $\exists a_i$，$p \mid a_i$.

定理 1.1(欧几里得定理)　素数有无穷多个.

证明： 反证法.假设素数个数有限，把所有素数相乘之后，再加 1 所得的数必然不能被所有的素数整除.这显然是一个新的素数，与假设矛盾.

欧拉(Euler)也给出欧几里得定理的一种证明方式，当 p 为所有素数时，级数 $\sum \frac{1}{p}$ 不收敛.

还有另一类证明方法是由狄利克雷(P. G. Lejeune-Dirichlet)给出的，证明有无限个形如 $4k+1$ 或者 $4k-1$ 的素数.更一般地，有无限个形如 $ak+b$ 的素数，其中 $(a, b)=1$.

因为素数有无穷多个，所以大家比较关心目前人类已知的最大素数.梅森素数是指形如 2^n-1 的素数，记为 $M(n)$.从小于 100 的素数分布来看，形如 2^n-1 的数有比较大的概率是素数.目前几个已知的较大素数都是梅森素数.这些素数是由互联网梅森素数大搜索(great Internet Mersenne prime search, GIMPS)分布式计算项目找到的.

搜索梅森素数的历史记录：

- 2018 年 12 月 7 日发现了梅森素数 $M(82, 589, 933)$！

- 2017 年 12 月 26 日发现了梅森素数 $M(77, 232, 917)$！
- 2016 年 1 月 7 日发现了梅森素数 $M(74, 207, 281)$！

命题 1.8(算术基本定理,唯一分解定理,unique factorization theorem)　任意一个大于 1 的正整数 n 都能表示成 $n = p_1^{\alpha_1} p_2^{\alpha_2} \cdots p_k^{\alpha_k}$ 的形式,其中 $\alpha_1, \alpha_2, \cdots, \alpha_k > 0$, $p_1 < p_2 < \cdots < p_k$ 均为素数,且这种表示方法是唯一的.

例 1.6　$663 = 17 \times 13 \times 3$,这个分解是唯一的.

素数对于数论和其他数学的重要性来自"算术基本定理".素数可被认为是自然数的"基本建材".你可能已经猜到素数和密码是有关系的,素数通常是密钥的构成部分.全世界每个人都需要密钥,每个人的密钥应该是不一样的,这样我们就需要很多不同的素数.尽管素数是无穷多的,然而现实中的计算机都是有限状态机,不能处理无限大的数.从实践的角度,我们更关心的问题是在计算方便且安全的范围内是否有足够的素数满足人们的需求.目前我们认为计算方便且安全的范围大概是 2 048～4 096 比特的整数.这就涉及素数密度的问题,素数定理回答了这个问题.在数论中,素数定理描述素数在自然数中分布的渐进情况,给出随着数字的增大,素数的密度逐渐降低的形式化描述.

我们的直觉是素数分布是不规则的.有两个比较极端的观察结果:一方面可以证明两个素数之间的距离可以无限大.

考虑一个整数序列:

$$k! + 2, k! + 3, \cdots, k! + k$$

这个整数序列的长度是 $k - 1$ 个,序列中的每个数都是合数(显然 $i \mid k! + i$).于是可以找到两个素数,他们的间隔大于任意的 $k - 1$.

另一方面有些素数之间的距离非常接近,如 5, 7,又如 17, 19,如果 p, $p + 2$ 都是素数,我们称之为"孪生素数对",目前还不知道是否有无限个孪生素数对.

张益唐于 2013 年 5 月在《数学年刊》上发表了《素数间的有界间隔》,证明了存在无穷多对**间隔为有限**的素数(具体间隔小于 7 000 万),从而在孪生素数猜想(孪生素数对有无穷多)这一数论难题上取得质的突破.张益唐有趣而传奇的数学历程激励了莘莘学子.

定义 1.6　p 是素数,对正实数 x,定义 $\pi(x)$ 为素数计数函数,即不大于 x 的素数个数.

$$\pi(x) = \sum_{p \leqslant x} 1 = \#\{p \leqslant x \mid p \text{ 是素数}\}$$

虽然 $\pi(x)$ 有很容易理解的数学意义,但是至今我们也没能找到 $\pi(x)$ 的容易理解的解析式,也无法精确给出 $\pi(x)$ 的值具体是多少.如果不能精确得到某个函数的值,那我们就做近似.

欧拉通过画图的方法猜测了素数计数函数的大概形式.素数定理是由阿达玛(Jacques

Hadamard)和德拉瓦莱普桑(Charles de la Vallée Poussin)在 1896 年证明的.此前最接近的结论是 1850 年由切比雪夫(Pavnutii Lvovich Chebyshev)给出的.

$\pi(x)$的计算比较困难,这个函数非常“不自然”.切比雪夫定义了另外一个函数 $\theta(x)$,常被称为切比雪夫函数:

定义 1.7(切比雪夫函数)　p 是素数,对正实数 x,定义 $\theta(x)$:

$$\theta(x)=\sum_{p\leqslant x}\ln p$$

初看时,切比雪夫函数好像比 $\pi(x)$更复杂一点.但是,从下面的证明和计算过程中,我们可以看出切比雪夫函数在数学方面稍微“自然”一点.

例 1.7　计算 $\pi(10)$和 $\theta(10)$.

解:

$$\pi(10)=1+1+1+1=4$$

$$\theta(10)=\ln 2+\ln 3+\ln 5+\ln 7\approx 5$$

命题 1.9　如果 $\theta(x)\sim x$,那么 $\pi(x)\sim x/\ln x$.(其中,$\sim$表示在计算复杂度的意义上同量级.)

当 i 为素数时,$\pi(i)-\pi(i-1)=1$;当 i 不为素数时,$\pi(i)-\pi(i-1)=0$.所以我们可以把 $\pi(i)-\pi(i-1)=1$ 看作是一个判断 i 是否素数的函数.于是 $\theta(x)$可以写成以下形式:

$$\begin{aligned}\theta(x)&=\sum_{2\leqslant i\leqslant x}[\pi(i)-\pi(i-1)]\ln i\\&=\pi(x)\ln x-\pi(1)\ln 2+\sum_{2\leqslant i\leqslant x-1}\pi(i)[\ln i-\ln(i+1)]\end{aligned}$$

上式的中间一项为 0,为了便于分析,我们将上式中的求和写成积分的形式.$\pi(x)$本身是定义在整数上的,为了便于积分的计算,以下简单地把 $\pi(x)$扩展定义到实数上.

$$\begin{aligned}\theta(x)&=\pi(x)\ln x-\sum_{2\leqslant i\leqslant x-1}\pi(i)\int_i^{i+1}\frac{1}{t}\mathrm{d}t\\&=\pi(x)\ln x-\sum_{2\leqslant i\leqslant x-1}\int_i^{i+1}\pi(t)\frac{1}{t}\mathrm{d}t\\&=\pi(x)\ln x-\int_2^x\pi(t)\frac{1}{t}\mathrm{d}t\end{aligned}$$

所以可得

$$\theta(x)=\pi(x)\ln x-\int_2^x\pi(t)\frac{1}{t}\mathrm{d}t$$

将上式两端同时除以 x,可得

$$\frac{\theta(x)}{x}=\frac{\pi(x)}{x/\ln x}-\frac{1}{x}\int_2^x\pi(t)\frac{1}{t}\mathrm{d}t$$

当 $x \to \infty$ 时(证明略),

$$\frac{1}{x}\int_2^x \pi(t)\ \frac{1}{t}\mathrm{d}t \to 0$$

于是可知

$$\frac{\theta(x)}{x} \sim \frac{\pi(x)}{x/\ln x}$$

切比雪夫证明了 $\theta(x)$ 满足的性质,即命题 1.10.

命题 1.10

$$[\ln 2 + o(1)]x \leqslant \theta(x) \leqslant (\ln 4)x$$

这里 $o(1)$是计算复杂度意义上的渐近小量.

更进一步,切比雪夫给出了更为紧的界.

定理 1.2(切比雪夫定理,Chebychev's theorem)　当 x 是大于某个 x_0 的数时,以下不等式成立:

$$B < \frac{\pi(x)\ln x}{x} < \frac{6}{5}B$$

其中,

$$B = \frac{\ln 2}{2} + \frac{\ln 3}{3} + \frac{\ln 5}{5} - \frac{\ln 30}{30} \approx 0.921\ 29$$

$$\frac{6}{5}B \approx 1.105\ 55$$

切比雪夫给出 $\pi(x)$的上下界有非常重要的意义,基本解决了 $\pi(x)$的近似问题.更进一步,阿达玛等于 1896 年给出了更准确的界,这就是素数定理.

定理 1.3(素数定理,the prime number theorem, PNT)

$$\lim_{x\to\infty} \pi(x) \cdot \frac{\ln(x)}{x} = 1$$

由素数定理可知 $\pi(x) \approx \dfrac{x}{\ln(x)}$.

第 n 个素数记作 p_n,由素数定理可知

$$p_n \approx n\ln(n)$$

由于素数的分布还不是特别清楚, p_n 的误差可能比较大. 例如,第 $2^{1\,017}$ 个素数是 8 512 677 386 048 191 063, 而 $2^{1\,017}\ln(2^{1\,017})$大概是 7 967 418 752 291 744 388,相对误差约为 6.4%,不过绝对误差值很大. 素数定理是从复杂度的角度给出的结论,具体误差有多

少，目前还是正在研究的问题.

1.4　同余

定义 1.8　给定一个正整数 n，如果两个整数 a 和 b 满足 $(a-b)$ 能够被 n 整除，即 $(a-b)/n$ 可得到一个整数，那么就称整数 a 与 b 模 n 同余，记作 $a=b \bmod n$. 模 n 同余定义了整数的一个等价关系.

命题 1.11（同余的性质）　(1) 自反性：$a=a \bmod n$；

(2) 对称性：若 $a=b \bmod n$，则 $b=a \bmod n$；

(3) 传递性：若 $a=b \bmod n$，$b=c \bmod n$，则 $a=c \bmod n$；

(4) 同余式相加：若 $a=b \bmod n$，$c=d \bmod n$，则 $a+c=b+d \bmod n$；

(5) 同余式相乘：若 $a=b \bmod n$，$c=d \bmod n$，则 $ac=bd \bmod n$.

定义 1.9（同余类，residue class）　通过计算整数模 n 的余数，我们可以把所有整数分成 n 类，记

$$\bar{r}_n=\{mn+r \mid m \in \mathbb{Z}\}$$

为模 n 余 r 的同余类（也称剩余类）.

例 1.8　$\bar{3}_{10}=\{\cdots, -7, 3, 13, 23, \cdots\}$ 为模 10 余 3 的同余类.

需要特别说明的是，在模 n 的上下文比较清楚的情况下，我们常常省略下标 n. 在上下文清楚的情况下，本书把同余符号直接写成等号.

定义 1.10（完全剩余系，complete residue system）　从 $\bar{0}, \bar{1}, \cdots, \overline{n-1}$ 中各挑一个元素就组成了一个模 n 的完全剩余系 R_n：

$$R_n=\{\bar{r}_0, \bar{r}_1, \cdots, \bar{r}_{n-1}\}$$

其中，$r_0 \in \bar{0}, r_1 \in \bar{1}, \cdots, r_{n-1} \in \overline{n-1}$.

挑出的这个元素称为该同余类的代表元.一个同余类中的元素都可以作为代表元，我们常用的代表元是最小非负的那一个，称为模 n 的最小非负完全剩余系. 例如 $R_n=\{\bar{0}, \bar{1}, \cdots, \overline{n-1}\}$，最小非负完全剩余系是我们常用的剩余系.

定义 1.11（简化剩余系，reduced residue system）　取一个模 n 的完全剩余系 R_n，取所有与 n 互素的代表元，这些代表元组成一个模 n 的简化剩余系，记为 Φ_n.

在简化剩余系中，代表元取最小非负的，那么就形成了简化最小非负剩余系.在上下文清楚的情况下，我们有时候可以去掉表示同余类代表元顶上的横线.

例 1.9　$\Phi_9=\{1, 2, 4, 5, 7, 8\}$ 为模 9 的简化最小非负剩余系；$\Phi_7=\{1, 2, 3, 4, 5, 6\}$ 为模 7 的简化最小非负剩余系.

- **扩展欧几里得除法**

扩展欧几里得除法是在辗转相除法之上的扩展应用,可以解决这样的问题：存在整数 s，t 使得 $(a, b)=sa+tb$.假设 $(a, b)=1$，如果我们要计算 a 模 b 的乘法逆元,我们可以使用扩展欧几里得除法得到整数 s，t,其中整数 s 满足 $sa=1 \bmod b$，所以 s 就是 a 的乘法逆元.

1.5　中国剩余定理

《孙子算经》曾经提到过一个经典的"物不知数"问题：

"今有物不知其数,三三数之剩二,五五数之剩三,七七数之剩二,问物几何?"

写成数学语言就是求解包括 3 个方程的同余方程组：

$$\begin{cases} x=2 \bmod 3 \\ x=3 \bmod 5 \\ x=2 \bmod 7 \end{cases}$$

以下先考虑更简单的两个同余方程的情况.

命题 1.12(同余方程个数为 2 的情况)　整数 p 和 q 互素,如下同余方程组：

$$\begin{cases} x=a \bmod p \\ x=b \bmod q \end{cases}$$

在 $0 \leqslant x < pq$ 范围内有唯一解.

证明: (存在性)由于 p 和 q 互素，所以存在 p_1 和 q_1 满足 $p_1=p^{-1} \bmod q$，$q_1=q^{-1} \bmod p$. 令 $y=aqq_1+bpp_1$，容易验证 y 满足同余方程组.

(唯一性)假设另一个整数 z 也满足同余方程组.因为 $z=a \bmod p$,所以 $(y-z)$ 是 p 的整数倍.同理，$(y-z)$ 也是 q 的整数倍.再由于 p 和 q 互素,因此 $(y-z)$ 是 pq 的整数倍,于是 $z=y \bmod pq$. 所以在 $0 \leqslant x < pq$ 范围内只能有 $y=z$，所以解是唯一的.

理解了两个同余方程的"物不知数"问题之后,我们可以把这个问题推广到多个同余方程的情况,这就是中国剩余定理.

定理 1.4(中国剩余定理,Chinese remainder theorem, CRT)　正整数 n_1，n_2，…，n_k 都大于 1，并且两两互素,定义 $N=\prod_{i=1}^{k} n_i$. 给定正整数 a_1，…，a_k，那么同余方程组：

$$\begin{cases} x=a_1 \bmod n_1 \\ x=a_2 \bmod n_2 \\ \cdots \\ x=a_k \bmod n_k \end{cases}$$

在 $0 \leqslant x < N$ 范围内有唯一解.

证明: 证明过程可以参考两个同余方程组的情况,我们可以直接把解写出来.定义 $b_i = \frac{N}{n_i}$, b_i 是除了 n_i 之外的乘积,由于 n_i 两两互素,因此 $c_i = b_i^{-1} \bmod n_i$ 存在.

于是定义 $x = \prod_{i=1}^{k} a_i b_i c_i \bmod N$, 容易检验,$x$ 就是方程的唯一解.

命题 1.13　给定正整数 a, b, m, n.如果 $a = b \bmod m$, $a = b \bmod n$,并且 $(m, n) = 1$,那么 $a = b \bmod mn$.

中国剩余定理的一个重要用途是用一组比较小的模素数剩余来表示一个大的整数.例如《孙子算经》中的例子: $23 = (2 \bmod 3, 3 \bmod 5, 2 \bmod 7)$.

- **欧拉定理**

定义 1.12(欧拉函数)　给定 n 是正整数, 欧拉函数 $\varphi(n)$ 表示小于 n 的正整数中与 n 互素的数的个数, 并且

$$\varphi(n) = n \cdot \prod_{2 \leqslant p \leqslant n,\ p \mid n} \left(1 - \frac{1}{p}\right)$$

其中,p 是素数.

如果知道 n 的素数分解,计算 n 是很容易的.

例 1.10　$\varphi(9) = \varphi(3 \times 3) = 9 \times \left(1 - \frac{1}{3}\right) = 6$.

例 1.11　模 9 的简化最小非负剩余系中元素个数为 $\varphi(9) = 6$.

例 1.12　$\varphi(100) = \varphi(2^2 \times 5^2) = 100 \times \left(1 - \frac{1}{2}\right) \cdot \left(1 - \frac{1}{5}\right) = 40$.

为了说明欧拉函数是如何计算的,我们先考虑 $n = p^e$ 的情况,其中 p 是素数,e 是正整数. 在 $1 \leqslant k \leqslant p^e$ 范围内, 如果 $(k, p^e) \neq 1$, k 只能等于 p 的倍数. p 的倍数有 p, $2p$, …, $(p^{e-1})p$,总共 p^{e-1} 个倍数.如果只考虑小于 $n = p^e$ 的情况,总共 $(p^{e-1} - 1)$ 个倍数.所以

$$\varphi(p^e) = (p^e - 1) - (p^{e-1} - 1) = p^e \left(1 - \frac{1}{p}\right)$$

对于 n 是一般情况时,我们先考虑如下一个引理.

引理 1.2　假设 m 和 n 是两个正整数,并且 $(m, n) = 1$,那么 $\varphi(mn) = \varphi(m)\varphi(n)$.

证明: 我们首先构造两个集合,第一个集合是模 mn 的简化最小非负剩余系 Φ_{mn}, 第二个集合定义为

$$S = \{(a, b) \mid a \in \Phi_m, b \in \Phi_n\}$$

其中, Φ_m 和 Φ_n 分别是模 m 和 n 的简化最小非负剩余系,S 中的元素是二元组.显然 $|\Phi_{mn}| = \varphi(mn)$, 并且 $|S| = \varphi(m)\varphi(n)$. 如果我们能证明两个集合之间存在一一映射,

那么这两个集合的元素个数也是相同的.于是我们来构造一个映射

$$f: \Phi_{mn} \rightarrow S,\ f(a)=(a \bmod m,\ a \bmod n)$$

证明映射是单射：(反证法)假设 a，$b \in \Phi_{mn}$，满足 $a \neq b$ 且 $f(a)=f(b)$，那么 $a = b \bmod m$，$a=b \bmod n$.因为$(m,\ n)=1$，所以 $a=b \bmod mn$. 于是 a，b 是 Φ_{mn} 中的同一个元素，与假设矛盾.

证明映射是满射：给定 $(a,\ b) \in S$，通过中国剩余定理我们能够证明有唯一解，并且这个唯一解在简化最小非负剩余系 Φ_{mn} 中，所以映射是满射.由此 f 是一一映射，于是 $|\Phi_{mn}|=|S|$.

有了引理 1.2，再结合 $n=p^e$ 时的欧拉函数计算，就可以得到一般情况下欧拉函数的计算公式.

定理 1.5(欧拉定理)　给定正整数 a 与 n 互素，那么就有

$$a^{\varphi(n)}=1 \bmod n$$

其中，$\varphi(n)$是欧拉函数.

证明： 考虑简化最小非负剩余系

$$\Phi_n=\{b_1,\ b_2,\ \cdots,\ b_{\phi(n)}\}$$

令 $a\Phi_n=\{ab_1,\ ab_2,\ \cdots,\ ab_{\phi(n)}\}$，即把 Φ_n 中的每个元素都乘 a.(我们考虑最小非负剩余系，乘法结果需要 mod n 取最小非负余数.)

观察 $a\Phi_n$ 中的元素，我们有两个结论.

(1) $a\Phi_n$ 中的每个元素与 n 互素. $(b_i,\ n)=1,\ (a,\ n)=1 \Rightarrow (ab_i,\ n)=1$.

(2) 如果 $i \neq j$，那么 $ab_i \neq ab_j$. (反证法)因为 $(a,\ n)=1$，所以 a 逆元存在(在 mod n 的情况下).如果 $ab_i=ab_j$，那么等式两端同乘 a^{-1}，可得 $b_i=b_j$，这与集合的定义矛盾.

由此可知 $a\Phi_n$ 就是简化最小非负剩余系，$a\Phi_n=\Phi_n$.

$$\prod_{i=1}^{\varphi(n)} b_i=\prod_{i=1}^{\varphi(n)} ab_i=a^{\varphi(n)}\prod_{i=1}^{\varphi(n)} b_i$$

由于 $(b_i,\ n)=1$，因此 b_i 逆元存在(在 mod n 的情况下). 我们可以再同乘逆元，消去 b_i，于是可得

$$a^{\varphi(n)}=1 \bmod n$$

从欧拉定理可以很容易地推出费马小定理.

定理 1.6(费马小定理)　假如 a 是一个整数，p 是一个素数，那么 (a^p-a) 是 p 的倍数，即

$$a^p=a \bmod p$$

1.6　素数判定

判断一个数是否素数，最直观的想法是寻找该数的因数，然而目前尚无有效分解整数的算法，因此我们需要检测一个整数是否素数的算法.

遍历 N 能否被从 2 到 $\sqrt{N}$ 之间的素数整除，若不能则为素数.

例 1.13　判断 101 是不是素数，只需要判断 101 是否能被[2, 10]之间的素数整除，即 101 是否能被 2、3、5、7 整除即可，如果不能，则 101 就是素数.

1.6.1　费马素性测试

根据费马小定理：如果一个数 n 是素数，任取整数 $a \in [2, n-1]$，有 $a^{n-1} = 1 \bmod n$.

由此，我们可以做费马素性测试：任取整数 $a \in [2, n-1]$，且 $(a, n) = 1$，计算并判断 $a^{n-1} \bmod n$ 是不是 1.如果不是，那么 n 一定是合数.

当 $a^{n-1} = 1 \bmod n$ 时，n 一定是素数吗？显然不一定.

例 1.14　例如 $n = 561 = 3 \times 11 \times 17$. 任取 $a \in \Phi_n$，可以通过中国剩余定理证明 $a^{561-1} = 1 \bmod 561$. 也就是说最小简化剩余系中的每个元素都能通过费马素性测试，然而 561 是一个合数.

这样的合数称为卡迈克尔数(Carmichael number).卡迈克尔数非常稀疏，但是有无限多.

例 1.15　10 000 以内的卡迈克尔数为

$$561,\ 1\,105,\ 1\,729,\ 2\,465,\ 2\,821,\ 6\,601,\ 8\,911$$

小于 10^{17} 的正整数中，只有 585 355 个卡迈克尔数.

费马素性测试显然是一个概率性的方法.

1.6.2　米勒-拉宾算法

米勒-拉宾(Miller-Rabin)算法也是概率性的素数检测方法.相对于费马素性测试，大部分人更倾向于使用米勒-拉宾算法.

引理 1.3　n 是素数当且仅当 $x^2 = 1 \bmod n$ 的根是 ± 1 时.

如果奇数 n 通过了费马素性测试，即 $a^{n-1} = 1$.因为 $a^{(n-1)/2}$ 是平方根，我们进一步检验 $a^{(n-1)/2} = \pm 1$ 是否成立. 不过还是有一些数(如第 3 个卡迈克尔数 1 729)能欺骗进一步检验. 于是我们可以再加强检验，考虑到 $(n-1)$ 是偶数，不妨假设 $(n-1)$ 有 s 个为 2 的因子，即 $n - 1 = 2^s q$，其中 q 是奇数.我们写出一个数的序列：

$$\{a^{2^s q} = a^{n-1},\ a^{2^{(s-1)} q},\ a^{2^{(s-2)} q},\ \cdots,\ a^{2^0 q} = a^q\}$$

该序列的每一个数都是前一个数的平方根.如果 n 是一个素数,那么有如下观察结论:

(1) 该序列从 1 开始(通过费马素性测试);

(2) 要么所有的数字都是 1,要么第一个不为 1 的数字是 -1(后一个数字是前一个数字的平方根).

米勒-拉宾算法随机挑选 $a \in \mathbb{Z}_n$,如果得到的序列不满足以上观察结论,则 n 不是素数.

如果得到的序列满足观察结论,n 也有可能是合数,米勒-拉宾算法还是会出错.可以证明,如果 n 是合数,米勒-拉宾算法出错的概率最大是 1/4.如果迭代运行米勒-拉宾算法 k 次,出错的概率小于 $(1/4)^k$.

AKS 素数测试(又称 Agrawal-Kayal-Saxena 素数测试或 Cyclotomic AKS test)是一个确定型素数测试算法,由 3 个来自印度理工学院坎普尔分校(Indian Institute of Technology Kanpur)的计算机科学家 Manindra Agrawal、Neeraj Kayal 和 Nitin Saxena 在其 2002 年 8 月发表的一篇题为"PRIMES is in P"(素数属于 P)的论文中提出.作者们因此获得了许多奖项,包含 2006 年的哥德尔奖(Gödel Prize)和 2006 年的富尔克森奖(Fulkerson Prize).这个算法可以在多项式时间之内,判定一个整数是否素数.

1.6.3 OpenSSL 软件如何生成大素数

OpenSSL 软件使用多种测试来检查素数.首先,OpenSSL 软件对数字进行确定性检查,尝试将候选数除以多个小素数,然后用费马小定理和米勒-拉宾算法进行素数检验.最初的素数测试会丢弃绝大多数候选素数.每一步测试都增加了是素数的确定性.

分析 OpenSSL 软件的代码,可见 OpenSSL 软件生成素数的步骤大致如下.

(1) 产生一个指定长度的随机数.

(2) 将最低位设为 1,使之为奇数(大于 2 的素数都是奇数).

(3) 做快速检测,检测能否被小素数整除(一般是小于 5 000 的素数).

(4) 如果检测失败,将待检测数加 2,继续进行第(3)步.

(5) 使用费马小定理进行检验,如果失败,跳转到第(1)步.

(6) 使用米勒-拉宾算法进行检验.由于米勒-拉宾算法计算量比较大,不能做太多次.OpenSSL 软件一般做 5 次就足够.如果通过,则输出该素数.如果失败,则跳转到第(1)步.

显然 OpenSSL 软件的素数测试也是一个概率性的方法.还有较慢的方法可以完全确定一个素数,例如 Agrawal-Kayal-Saxena 素数测试.不过从应用的角度来看,OpenSSL 软件的方法已经非常可靠,因此确定性的素数测试方法很少使用.

例 1.16 利用 OpenSSL 命令行产生一个随机数,判断是否素数:

```
> openssl rand -hex 256 | xargs openssl prime -hex
```

例 1.17 利用 OpenSSL 命令行产生一个素数:

```
> openssl prime -generate -bits 2048 -hex
```

1.7　基本数论的 SageMath 软件例子

SageMath 是一个基于 GPL 协议的开源数学软件.它使用 Python 语言作为通用接口,将现有的许多开源软件包整合在一起,构建一个统一的计算平台.SageMath 的目标是创建一个有活力的自由开源软件以替代 Magma、Maple、Mathematica 和 Matlab.

SageMath 提供了多种友好的安装方式,可以下载安装,使用虚拟镜像安装,使用 Docker 安装,或者使用 SageMath 在云上提供的类似 jupyter notebook 的计算环境.有了 SageMath 的计算环境之后,就可以运行以下例子.

例 1.18　判断 2^8+1 是不是一个素数:

```
2^(8) + 1 in Primes()
```

例 1.19　判断 $2^{2^{15}}+1$ 是不是一个素数(非常慢):

```
2^(2^15) + 1 in Primes()
```

例 1.20　计算 $51^{2\,006} \bmod 97$:

```
R = Integers(97)
a = R(51)
a^2006
```

例 1.21　得到 2 005 之后的下一个素数:

```
next_prime(2005)
```

例 1.22　得到 10 到 20 之间的素数:

```
list(primes(10, 20))
```

例 1.23　分解整数 1 927.

```
factor(1927)
```

例 1.24　求素数个数 $\pi(x)$:

```
prime_pi(100)
```

例 1.25　计算欧拉函数 $\varphi(100)$:

```
euler_phi(100)
```

例 1.26　利用中国剩余定理,解《孙子算经》的例子:

```
crt([2, 3, 2], [3, 5, 7])
```

第2章

布 尔 函 数

布尔函数(Boolean function)是复杂性理论和数字计算机芯片设计的基础.布尔函数作为密码学的重要组成部分,应用于对称密码算法设计和分析.

2.1 布尔函数的定义

布尔函数是输入 n 个布尔值,输出一个布尔值的函数.

定义 2.1(布尔函数) 一个 n 元布尔函数 $f(x_1, \cdots, x_n)$ 是一个从 F_2^n 到 F_2 的映射.布尔函数可以用**值向量**(value vector)来表示.布尔函数的值向量 $\boldsymbol{v}_f$ 是一个 F_2 上的 2^n 维向量,该向量包含所有可能的 $f(x_1, \cdots, x_n)$ 的值.

例 2.1 假设 $f(x_1, x_2, x_3)$ 是一个三元布尔函数,其值向量 $\boldsymbol{v}_f$ 为 $2^3 = 8$ 维向量:

$$\boldsymbol{v}_f = (f(0, 0, 0), f(0, 0, 1), f(0, 1, 0), f(0, 1, 1),\\ f(1, 0, 0), f(1, 0, 1), f(1, 1, 0), f(1, 1, 1))$$

注意区别这两个符号 F_2^n 和 F_{2^n}. F_2^n 是 F_2 域上的 n 维向量空间;F_{2^n}是有限域.

密码算法可以用多个布尔函数表示,有几位输出,就用几个布尔函数共同表示.例如对称加密 AES128 算法,128 位明文输入,128 位密钥输入,128 位密文输出.于是可以用 128 个 256 位输入(密钥+明文)的布尔函数共同组成这个算法.每一个布尔函数是一位输出.

定义 2.2(汉明重量) 布尔函数 f 的汉明重量 $w_t(f) = \#\{x \mid f(x) = 1\}$.对于 $\boldsymbol{u} \in F_2^n$,类似地,可以定义 $w_t(u) = \#\{u_i \mid u_i = 1\}$.

例 2.2(选择函数) 选择函数 f 是一个三元布尔函数.当 $x_2 = 0$ 时,输出为 x_1;当 $x_2 = 1$ 时,输出为 x_3.

例 2.3(投票函数) 投票函数 f 是一个三元布尔函数.3 个输入中至少有 2 个输入为 1 的情况下,函数输出为 1;否则,函数输出为 0.

例 2.4(选择函数的汉明重量) 选择函数 f 是一个三元布尔函数. $w_t(f) = 4$.

从布尔函数的定义可以看出，布尔函数就是数理逻辑课程中的逻辑函数.逻辑函数的常用表示方式之一是真值表，布尔函数显然也可以用真值表来表示.

例 2.5 选择函数(例 2.2)的真值表如表 2 - 1 所示.

表 2 - 1 选择函数的真值表

x_1	x_2	x_3	$f(x_1, x_2, x_3)$
0	0	0	0
0	0	1	0
0	1	0	0
0	1	1	0
1	0	0	1
1	0	1	1
1	1	0	0
1	1	1	1

真值表的最后一列就是“选择函数”的“值向量”.n 元布尔函数的值向量维数是 2^n，每维取值在 $F_2=\{0, 1\}$ 中，所以 n 元布尔函数的个数是 2^{2^n}. 虽然感觉布尔函数比较简单，但是不同于一般的函数我们只学习其中的某一类，对布尔函数的研究是针对所有的布尔函数.所有布尔函数的空间很大，研究也有一定的难度.使用穷举的方法给出所有的十元布尔函数就已经比较困难.

- **代数范式**

逻辑函数另一种常用的表示方式是范式，例如合取范式(conjunctive normal form, CNF)和析取范式(disjunctive normal form, DNF)，布尔函数显然也可以用 CNF 和 DNF 的形式来表示.“投票函数”的析取范式为 $(x_1 \wedge x_2) \vee (x_1 \wedge x_3) \vee (x_2 \wedge x_3)$.

由于我们用代数方法来研究布尔函数，因此我们希望能把布尔函数表示为多项式的形式，这就是布尔函数的**代数范式**(algebraic normal form, ANF).因为多项式的输入变量都是在 F_2 域中，例如 $x \in F_2$，所以布尔函数的多项式可以表示成模 (x^2+x) 的多项式，于是每个变量的次数最多是 1 次.

例 2.6 $x^2+x \in F_2[x]$，有 $x^2+x=0$. 因此在 $F_2[x]$中，多项式 $x^3+1=(x^2+x)x+x^3+1=x^2+1=(x^2+x)+x^2+1=x+1$.

定义 2.3 对于 $u \in F_2^n$，定义在 $F_2[x_1, x_2, \cdots, x_n]/(x_1^2+x_1, \cdots, x_n^2+x_n)$ 上的单项式：

$$x^{\boldsymbol{u}}=\prod_{i=1}^{n} x_i^{u_i}$$

例 2.7 $\boldsymbol{u}=(1, 0, 1)$，则 $x^{\boldsymbol{u}}=x_1x_3$.

定理 2.1(代数范式)　令 f 是 n 元布尔函数，$\boldsymbol{u} \in F_2^n$，$a_u \in F_2$，则 $F_2[x_1, x_2, \cdots, x_n]/(x_1^2 + x_1, \cdots, x_n^2 + x_n)$ 中有唯一的多项式满足：

$$f(x_1, \cdots, x_n) = \sum_{\boldsymbol{u} \in F_2^n} a_u x^{\boldsymbol{u}}$$

该多项式称为 f 的代数范式.代数范式的系数 a_u 满足：

$$a_u = \sum_{x \preccurlyeq \boldsymbol{u}} f(x), \ f(\boldsymbol{u}) = \sum_{x \preccurlyeq \boldsymbol{u}} a_x$$

这里的计算在 F_2 中进行，并且 $x \preccurlyeq y$ 当且仅当对所有的 i 有 $x_i \leqslant y_i$. 注意公式中符号$\preccurlyeq$和符号$\leqslant$的区别.

递归证明布尔函数的代数范式可以从真值表计算(或者值向量)而得.

- 递归基础：对于 $n=1$，容易验证，$a_1 = f(0) + f(1)$，$a_0 = f(0)$，多项式 $a_1 x + a_0$ 就是唯一表示 $f(x)$的多项式.
- 递归步骤：对于一个 n 元布尔函数 f，我们定义两个 $n-1$ 元布尔函数 g 和 h：$g(x_1, \cdots, x_{n-1}) = f(x_1, \cdots, x_{n-1}, 0)$，$h(x_1, \cdots, x_{n-1}) = f(x_1, \cdots, x_{n-1}, 1)$. 于是 f 可以写成如下形式：

$$f(x_1, \cdots, x_n) = g(x_1, \cdots, x_{n-1}) + x_n(g(x_1, \cdots, x_{n-1}) + h(x_1, \cdots, x_{n-1}))$$

根据递归假设基础，可以得到 $n-1$ 元布尔函数 g，h 的代数范式的系数：

$$\alpha_u = \sum_{x \preccurlyeq \boldsymbol{u}} g(x) = \sum_{x \preccurlyeq \boldsymbol{u}} f(x \mid 0), \ \beta_u = \sum_{x \preccurlyeq \boldsymbol{u}} h(x) = \sum_{x \preccurlyeq \boldsymbol{u}} f(x \mid 1)$$

可以把 f 写成：

$$f(x_1, \cdots, x_n) = \sum_{\boldsymbol{u} \in F_2^{n-1}} \alpha_u \prod_{i-1}^{n-1} x_i^{u_i} + \sum_{\boldsymbol{u} \in F_2^{n-1}} (\alpha_u + \beta_u) \prod_{i-1}^{n-1} x_i^{u_i} x_n$$

现在我们来考虑 $\boldsymbol{v} = (v_1, \cdots, v_n) \in F_2^n$，$f$ 的系数用 c_v 表示，于是

$$c_v = \begin{cases} \alpha_{(v_1, \cdots, v_{n-1})}, & v_n = 0 \\ \alpha_{(v_1, \cdots, v_{n-1})} + \beta_{(v_1, \cdots, v_{n-1})}, & v_n = 1 \end{cases}$$

由系数 α 和 β 的定义：

$$c_v = \begin{cases} \displaystyle\sum_{\boldsymbol{u} \preccurlyeq (v_1, \cdots, v_{n-1})} f(\boldsymbol{u} \mid 0), & v_n = 0 \\ \displaystyle\sum_{\boldsymbol{u} \preccurlyeq (v_1, \cdots, v_{n-1})} f(\boldsymbol{u} \mid 0) + \sum_{\boldsymbol{u} \preccurlyeq (v_1, \cdots, v_{n-1})} f(\boldsymbol{u} \mid 1), & v_n = 1 \end{cases}$$

观察上式，可得

$$c_v = \sum_{\boldsymbol{u} \preccurlyeq \boldsymbol{v}} f(\boldsymbol{u})$$

定义 2.4(布尔函数的次数)　布尔函数 $f(x_1, \cdots, x_n)$ 的代数范式最高项次数就是

布尔函数的次数.布尔函数 f 的次数记作 $\deg(f)$.

例 2.8 “选择函数”的代数范式如下：

$$a_{000}=\sum_{\boldsymbol{u}\leqslant(000)} f(\boldsymbol{u})=f(000)=0$$

$$a_{100}=\sum_{\boldsymbol{u}\leqslant(100)} f(\boldsymbol{u})=f(000)+f(100)=1$$

$$a_{010}=\sum_{\boldsymbol{u}\leqslant(010)} f(\boldsymbol{u})=f(000)+f(010)=0$$

$$a_{110}=\sum_{\boldsymbol{u}\leqslant(110)} f(\boldsymbol{u})=f(000)+f(010)+f(100)+f(110)=1$$

$$a_{001}=\sum_{\boldsymbol{u}\leqslant(001)} f(\boldsymbol{u})=f(000)+f(001)=0$$

$$a_{101}=\sum_{\boldsymbol{u}\leqslant(101)} f(\boldsymbol{u})=f(000)+f(100)+f(001)+f(101)=0$$

$$a_{011}=\sum_{\boldsymbol{u}\leqslant(011)} f(\boldsymbol{u})=f(011)+f(001)+f(010)+f(000)=1$$

$$a_{111}=\sum_{\boldsymbol{u}\leqslant(111)} f(\boldsymbol{u})=\sum_{u\in F_2^3} f(u)=0$$

有了这些多项式的系数,选择函数的代数范式就能直接写出来.代数范式的计算与默比乌斯变换(Mobius transform)有直接联系.

定义 2.5(默比乌斯变换) 布尔函数 $f(x_1, \cdots, x_n)$ 的代数范式可以表示为

$$f(x_1, \cdots, x_n)=\sum_{(u_1, \cdots, u_n)\in F_2^n} g(u_1, \cdots, u_n)\prod x_i^{u_i}$$

显然函数 g 给出了 ANF 的系数.函数 g 也是一个布尔函数.函数 g 就是 f 的默比乌斯变换.

引理 2.1 布尔函数 f 的默比乌斯变换是对合函数(involution).

对合函数是一一映射的.布尔函数 f 的默比乌斯变换可以看作是 $F_2^{2^n}$(值向量)到 $F_2^{2^n}$(代数范式的系数)的一一映射,由此可知布尔函数 f 的代数范式是唯一的.

例 2.9 默比乌斯变换本身就是为了解决半序的序列求和问题.观察布尔函数代数范式计算的特点,可以进行如图 2-1 所示的快速计算.计算选择函数的代数范式系数,选择函数是三元布尔函数,计算过程为 3 次迭代.迭代第一步输入选择函数的值向量 $\boldsymbol{v}_f$,将值向量分为 2^3 个单元,每 2 个单元为一组.组内的左边单元直接作为左边输出,组内的右边单元与左边单元相加之后,作为右边输出.迭代第二步以第一步的输出作为输入,将输入分成 2^{3-1} 个单元,每 2 个单元为一组,组内的左边单元直接作为左边输出,组内的右边单元和左边单元相加之后,作为右边输出.以此类推.最后一行的输出(图中第三步输出)就是选择函数的代数范式系数.

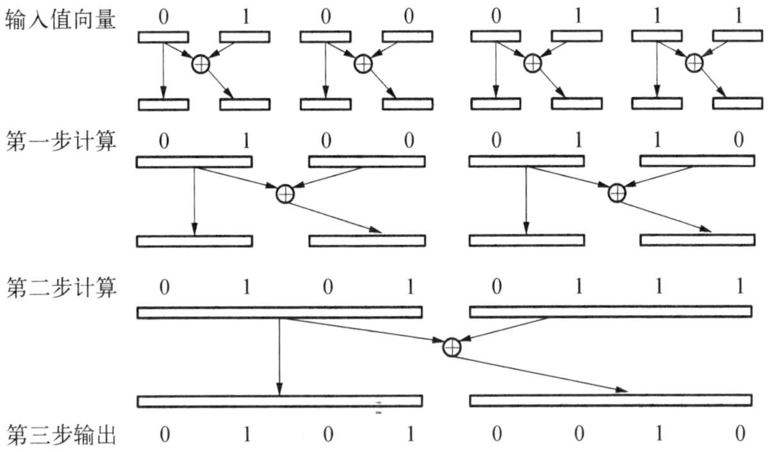

图 2-1　代数范式计算

这个快速计算方法很容易写成 C++的代码.

例 2.10　计算五元布尔函数的代数范式.五元布尔函数的值向量长度是 32 位.(注意这个代码中值向量的高低位排列顺序与例 2.5 有区别.)

```
x ^= (x  &  0x55555555) << 1
x ^= (x  &  0x33333333) << 2
x ^= (x  &  0x0F0F0F0F) << 4
x ^= (x  &  0x00FF00FF) << 8
x ^= x << 16
```

例 2.11　默比乌斯变换是对合函数,我们将代数范式的系数进行默比乌斯变换,得到的结果就是布尔函数的值向量.以选择函数的代数范式为例,如图 2-2 所示,输入的是选择函数的代数范式系数,输出的(最后一行)就是选择函数的值向量.

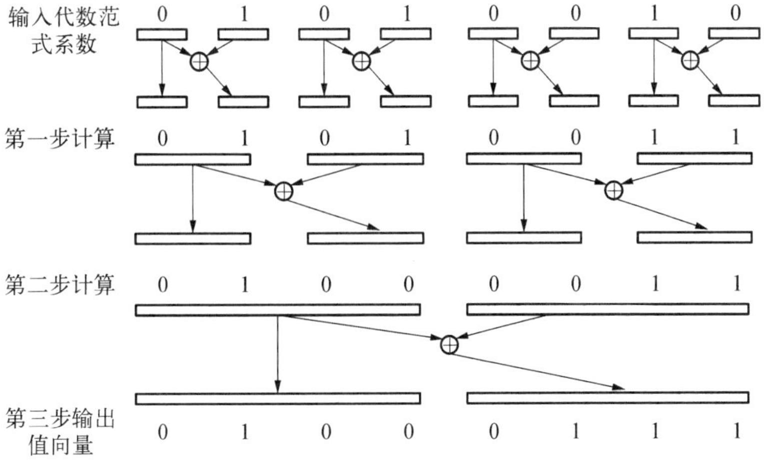

图 2-2　默比乌斯变换是对合函数

Reed - Muller 编码是最古老的编码方法之一，常应用于无线通信中作为纠错码. 特别是在卫星通信中，据说第一张卫星拍摄的月球照片就是 Reed - Muller 编码后传回地球的.此外，5G 标准中信道控制的纠错极化码也与 Reed - Muller 编码有关系.

Reed - Muller 编码是以 Reed 和 Muller 两个发明者的名字命名的编码，Reed 主要贡献了编码算法，Muller 贡献了解码算法.

这里只讨论 F_2 上的 Reed - Muller 编码，可以很方便地用布尔函数来表示.

定义 2.6　n 是正整数，r 是在$[0, n]$范围内的整数.用 $\mathcal{R}(r, n)$ 表示 r 阶、长度为 2^n 的二值 Reed - Muller 编码. $\mathcal{R}(r, n)$ 是次数最多为 r 的 n 元布尔函数 f 的集合.

$$\mathcal{R}(r, n)=\{f(x) \mid x \in F_2^n, f: F_2^n \rightarrow F_2, \deg(f) \leqslant r\}$$

Reed - Muller 编码把需要编码的信息嵌入 n 元 r 次多项式的系数上.一个 n 元 r 次多项式的系数共有 $k=\sum_r \binom{n}{r}$，所以 $\mathcal{R}(r, n)$ 编码的信息是 k 比特.需要编码的 k 比特信息确定一个 n 元 r 次多项式，该多项式就是一个布尔函数 f 的代数范式，通信双方传输的消息是 f 的值向量，所以通信双方传输的消息是 2^n 比特.

Reed - Muller 解码有很多算法，其正确性是拉格朗日(Lagrange)插值定理保证的.对于一个多项式，只要给出足够多的输入输出，就一定可以计算出多项式的系数.对于布尔函数来说，值向量就是所有的输入输出.

例 2.12　美国国家航空航天局(NASA)最早使用 Reed - Muller 编码进行图像传输，具体使用的是 $\mathcal{R}(1, 5)$. 传输信息量是 6 $\left[\text{即} \binom{5}{0}+\binom{5}{1}\right]$ 比特. 卫星和 NASA 基站之间传输的是值向量，为 32(即 2^5) 比特.可见传输的数据有大量的冗余，所以可以达到纠错的目的，该编码可以纠错 7 位.

例 2.13　$\mathcal{R}(1, 1)=\{00, 01, 10, 11\}$

例 2.14　$\mathcal{R}(1, 2)=\{0000, 0101, 1010, 1111, 0011, 0110, 1001, 1100\}$

命题 2.1　Reed - Muller 编码有如下性质：

(1) $\mathcal{R}(r, n)$ 是线性编码 (因为 r 次多项式的线性组合也是 r 次多项式)；

(2) $\mathcal{R}(r-1, n) \subset \mathcal{R}(r, n)$.

例 2.15　例如 $\mathcal{R}(2, 4)$，

$$r=2$$

$$n=4$$

$$k=\binom{4}{2}+\binom{4}{1}+\binom{4}{0}=11$$

$$2^n=16$$

编码函数是一个映射：$\{0, 1\}^{11} \rightarrow \{0, 1\}^{16}$.

假设要编码 11 比特的信息 $\boldsymbol{z}=110\ 1001\ 0101$. 首先计算一个有 4 个变量的多项式 $p(x_1, x_2, x_3, x_4)$：

$$\begin{aligned} p(x_1, x_2, x_3, x_4) &= 1+(1\cdot x_1+0\cdot x_2+1\cdot x_3+0\cdot x_4)+(0\cdot x_1x_2+\\ &\quad 1\cdot x_1x_3+0\cdot x_1x_4+1\cdot x_2x_3+0\cdot x_2x_4+1\cdot x_3x_4) \\ &= 1+x_1+x_3+x_1x_3+x_2x_3+x_3x_4 \end{aligned}$$

然后计算 16 个布尔值：

$$\begin{aligned} &p(0,0,0,0)=1,\ p(0,0,0,1)=1,\ p(0,0,1,0)=1,\ p(0,0,1,1)=1,\\ &p(0,1,0,0)=1,\ p(0,1,0,1)=0,\ p(0,1,1,0)=1,\ p(0,1,1,1)=0,\\ &p(1,0,0,0)=0,\ p(1,0,0,1)=1,\ p(1,0,1,0)=0,\ p(1,0,1,1)=1,\\ &p(1,1,0,0)=0,\ p(1,1,0,1)=0,\ p(1,1,1,0)=0,\ p(1,1,1,1)=0 \end{aligned}$$

这 16 个布尔值就是 11 比特 $\boldsymbol{z}$ 的编码结果.

2.2　沃尔什变换

沃尔什变换(Walsh transform)是研究布尔函数性质的重要工具.它是一种傅里叶变换.回想定义傅里叶变换的时候,我们首先需要一组正交基.

定义 2.7　沃尔什(Walsh)函数 $W(\boldsymbol{w}, \boldsymbol{x})$：$F_2^n \times F_2^n \rightarrow \mathbb{Z}$,

$$W(\boldsymbol{w}, \boldsymbol{x})=(-1)^{\boldsymbol{w}\cdot\boldsymbol{x}}$$

这里 $\boldsymbol{w}\cdot\boldsymbol{x}$ 表示两个向量的内积.另外需要注意的是沃尔什函数的值域是 $\mathbb{Z}$,而不是 F_2.

命题 2.2(沃尔什函数的性质)　(1) 对称：对任意的 $\boldsymbol{w}$, $\boldsymbol{x}$ 有 $W(\boldsymbol{w}, \boldsymbol{x})=W(\boldsymbol{x}, \boldsymbol{w})$.

(2) 正交：

$$\sum_{w\in F_2^n} W(\boldsymbol{w}, \boldsymbol{x})W(\boldsymbol{w}, \boldsymbol{t})=\begin{cases}2^n, & \boldsymbol{x}=\boldsymbol{t}\\ 0, & \text{其他}\end{cases}$$

有了正交基之后,我们就可以用类似离散傅里叶的方式来定义一个函数的沃尔什变换.

定义 2.8　函数 $f(\boldsymbol{x})$：$F_2^n \rightarrow \mathbb{R}$ 为从 F_2^n 到 $\mathbb{R}$ 的函数,$f(x)$的沃尔什变换定义如下：

$$S_f(\boldsymbol{w})=\sum_{\boldsymbol{x}\in F_2^n} f(\boldsymbol{x})W(\boldsymbol{w}, \boldsymbol{x})=\sum_{\boldsymbol{x}\in F_2^n} f(\boldsymbol{x})(-1)^{\boldsymbol{w}\cdot\boldsymbol{x}}$$

沃尔什变换的逆变换如下：

$$f(\boldsymbol{x})=2^{-n}\sum_{\boldsymbol{w}\in F_2^n}S_f(\boldsymbol{w})W(\boldsymbol{w},\ \boldsymbol{x})=2^{-n}\sum_{\boldsymbol{w}\in F_2^n}S_f(\boldsymbol{w})(-1)^{\boldsymbol{w}\cdot\boldsymbol{x}}$$

$S_f(\boldsymbol{w})$ 称为 $f(\boldsymbol{x})$ 的沃尔什谱.

上述定义中的 f 函数并不是布尔函数.如果 f 是布尔函数,我们常常把 $f(\boldsymbol{x})$ 写成 $(-1)^{f(\boldsymbol{x})}$,然后对$(-1)^{f(\boldsymbol{x})}$ 进行沃尔什变换.相当于把 $f(\boldsymbol{x})$ 可能的 2 个值重新映射一下,把 0 映射到 1,把 1 映射到-1. 对于布尔函数 $f(\boldsymbol{x})$,其沃尔什变换实际上是对 $(-1)^{f(\boldsymbol{x})}$ 定义的.

定义 2.9 $f(\boldsymbol{x})$ 是布尔函数,常用的 $f(\boldsymbol{x})$ 的沃尔什变换的定义为

$$S_f(\boldsymbol{w})=\sum_{\boldsymbol{x}\in F_2^n}(-1)^{f(\boldsymbol{x})}W(\boldsymbol{w},\ \boldsymbol{x})=\sum_{\boldsymbol{x}\in F_2^n}(-1)^{f(\boldsymbol{x})}(-1)^{\boldsymbol{w}\cdot\boldsymbol{x}}$$

我们对一维时间序列 $f(\boldsymbol{t})$ 进行傅里叶变换得到频率谱 $S(\boldsymbol{\omega})$. 频率谱 $S(\boldsymbol{\omega})$ 的值可以理解为 $f(\boldsymbol{t})$ 和频率为 ω 的正弦波的拟合程度.

定义 2.10(线性布尔函数) 线性布尔函数为 $\varphi_w(\boldsymbol{x})=\boldsymbol{w}\cdot\boldsymbol{x}$,即 φ_w 是向量 $\boldsymbol{x}$ 和 $\boldsymbol{w}$ 的内积.

线性布尔函数 $\varphi_w(\boldsymbol{x})$ 可以看作是常数项为 0 的线性函数.从线性函数的角度来说,还有一个常数项为 1 的线性函数.

从线性布尔函数 $\varphi_w(\boldsymbol{x})$ 的定义可以看出,n 维向量 $\boldsymbol{w}$ 可以代表一个线性函数.沃尔什谱 $S_f(\boldsymbol{w})$ 则可以类似地理解为布尔函数 f 和以 $\boldsymbol{w}$ 为代表的线性函数的拟合程度.

2.2.1 偏差

密码学使用的布尔函数(例如 Sbox)一般希望是无偏差的.如果一个布尔函数的偏差过大,那么在差分分析的攻击下就显得比较脆弱.为此,我们需要一种度量来描述布尔函数的偏差.

定义 2.11(布尔函数的偏差) 布尔函数的偏差定义为

$$\varepsilon(f)=\sum_{\boldsymbol{x}\in F_2^n}(-1)^{f(\boldsymbol{x})}=2^n-2w_{\mathrm{t}}(f)$$

偏差也称为不平衡性.

布尔函数 f 的值为 1 的概率可以用偏差来描述:

$$P_{\mathrm{r}}(f(\boldsymbol{x})=1)=\frac{w_{\mathrm{t}}(f)}{2^n}=\frac{1}{2}\left[1-\frac{\varepsilon(f)}{2^n}\right]$$

命题 2.3 布尔函数 f 是平衡的,当且仅当 $\varepsilon(f)=0$.

命题 2.4 $\boldsymbol{w}\in F_2^n$,那么

$$\varepsilon(\varphi_w)=\sum_{\boldsymbol{x}\in F_2^n}(-1)^{\boldsymbol{w}\cdot\boldsymbol{x}}=\begin{cases}0, & \boldsymbol{w}\neq\boldsymbol{0}\\ 2^n, & \boldsymbol{w}=\boldsymbol{0}\end{cases}$$

$\varphi_w(\boldsymbol{x})$ 是一个线性布尔函数，$f(\boldsymbol{x})$ 是一个布尔函数，我们考虑将两个函数加起来得到一个"和函数" $f(\boldsymbol{x})+\varphi_w(\boldsymbol{x})$. $f(\boldsymbol{x})$ 和 $\varphi_w(\boldsymbol{x})$ 越接近（相同的值越多），"和函数"的值向量中的 0 就越多，"和函数"的偏差也越大.[1 更多的时候，我们就考虑 $f(\boldsymbol{x})+1$.]

命题 2.5　$f(\boldsymbol{x})$ 是布尔函数，计算：

$$\varepsilon(\varphi_w+f)=\sum_{\boldsymbol{x}\in F_2^n}(-1)^{f(\boldsymbol{x})+\boldsymbol{w}\cdot\boldsymbol{x}}=\sum_{\boldsymbol{x}\in F_2^n}(-1)^{f(\boldsymbol{x})}(-1)^{\boldsymbol{w}\cdot\boldsymbol{x}}$$

可得 $\varepsilon(\varphi_w+f)=S_f(\boldsymbol{w})$.

由此可见沃尔什变换可以理解为测量布尔函数 f 和所有线性布尔函数 φ_w 的相似度.

2.2.2　快速计算

沃尔什变换是一种傅里叶变换，傅里叶变换有快速计算方法，当然沃尔什变换也有快速计算方法.

布尔函数的沃尔什变换与阿达玛变换(Hadamard transform)有关系.

定义 2.12　沃尔什函数和沃尔什变换也可以写成矩阵的形式：

$$\boldsymbol{H}(2^n)=[W(\boldsymbol{w},\ \boldsymbol{x})]=[(-1)^{\boldsymbol{w}\cdot\boldsymbol{x}}],\ \forall\,\boldsymbol{w},\ \boldsymbol{x}\in F_2^n$$

$\boldsymbol{H}(2^n)$ 就是阿达玛矩阵.该矩阵的 i 行 j 列值就是 $\boldsymbol{W}(i,\ j)$.

例 2.16　阿达玛矩阵 $\boldsymbol{H}(2)$, $\boldsymbol{H}(4)$, $\boldsymbol{H}(8)$ 为

$$\boldsymbol{H}(2)=\begin{vmatrix}1 & 1\\ 1 & -1\end{vmatrix}\quad \boldsymbol{H}(4)=\boldsymbol{H}(2)\cdot\boldsymbol{H}(2)=\begin{vmatrix}\boldsymbol{H}(2) & \boldsymbol{H}(2)\\ \boldsymbol{H}(2) & -\boldsymbol{H}(2)\end{vmatrix}$$

$$\boldsymbol{H}(4)=\begin{vmatrix}\begin{vmatrix}1 & 1\\ 1 & -1\end{vmatrix} & \begin{vmatrix}1 & 1\\ 1 & -1\end{vmatrix}\\ \begin{vmatrix}1 & 1\\ 1 & -1\end{vmatrix} & \begin{vmatrix}-1 & -1\\ -1 & 1\end{vmatrix}\end{vmatrix}=\begin{vmatrix}1 & 1 & 1 & 1\\ 1 & -1 & 1 & -1\\ 1 & 1 & -1 & -1\\ 1 & -1 & -1 & 1\end{vmatrix}$$

$$\boldsymbol{H}(8)=\begin{vmatrix}\boldsymbol{H}(4) & \boldsymbol{H}(4)\\ \boldsymbol{H}(4) & -\boldsymbol{H}(4)\end{vmatrix}=\begin{vmatrix}1 & 1 & 1 & 1 & 1 & 1 & 1 & 1\\ 1 & -1 & 1 & -1 & -1 & 1 & 1 & -1\\ 1 & 1 & -1 & -1 & 1 & 1 & -1 & -1\\ 1 & -1 & -1 & 1 & 1 & -1 & -1 & 1\\ 1 & 1 & 1 & 1 & -1 & -1 & -1 & -1\\ 1 & -1 & 1 & -1 & -1 & 1 & -1 & 1\\ 1 & 1 & -1 & -1 & -1 & -1 & 1 & 1\\ 1 & -1 & -1 & 1 & -1 & 1 & 1 & -1\end{vmatrix}$$

沃尔什变换是针对布尔函数的值向量进行的一种变换.通过观察可以发现，沃尔什变换可以用阿达玛矩阵来实现.阿达玛矩阵乘布尔函数值向量的结果就是沃尔什变换的结果.

从阿达玛矩阵的构造可以看出，我们可以设计“分而治之”的方法来加速沃尔什变换的计算.

例 2.17 选择函数的沃尔什变换的快速计算，如图 2-3 所示.输入选择函数值向量 $\boldsymbol{v}_f$，然后重新映射一下得到 $(-1)^{\boldsymbol{v}_f}$ 也就是图中的 $(-1)^{f(\boldsymbol{x})}$. 计算过程为 3 次迭代.第一步将值向量分为 2^3 个单元，每 2 个单元为一组.组内的左边单元加右边单元作为左边输出，组内的左边单元减右边单元作为右边输出.迭代第二步以第一步的输出作为输入，将输入分成 2^{3-1} 个单元，每 2 个单元为一组.组内的左边单元加右边单元作为左边输出，组内的左边单元减右边单元作为右边输出.以此类推.最后一行的输出(图中第三步输出)就是选择函数的沃尔什变换结果.

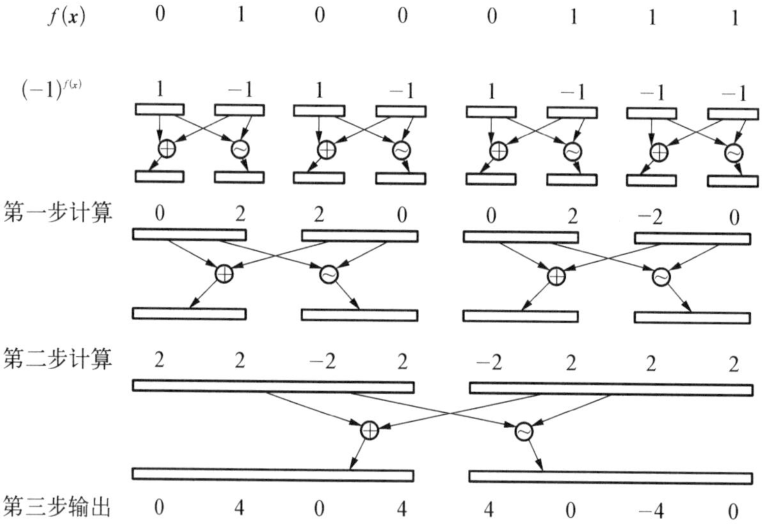

图 2-3 沃尔什变换

例 2.18 沃尔什变换快速计算的 Python 代码如下。

```
def fwht(a) -> None:
    '''输入为值向量.'''
    h = 1
    while h < len(a):
        for i in range(0, len(a), h * 2):
            for j in range(i, i + h):
                x = a[j]
                y = a[j + h]
                a[j] = x + y
                a[j + h] = x - y
        h *= 2
```

2.3　布尔函数与密码相关的性质

布尔函数和密码相关的性质主要有代数次数、平衡性、线性结构、弹性和相关免疫性.本章讲述平衡性和线性结构.

2.3.1　布尔函数的重量

布尔函数的(汉明)重量是描述布尔函数是否平衡的指标.布尔函数的重量与其代数范式的次数有关系.

例 2.19　单项式的重量很容易求得.关于单项式重量显然有结论：n 元 r 次单项式的重量为 2^{n-r}.

引理 2.2　令 $\mathbf{Supp}(\boldsymbol{x})$ 表示向量 $\boldsymbol{x}$ 中为 1 的元素集合.对于任意 2 个 m 比特向量 $\boldsymbol{x}$、$\boldsymbol{y}$，有

$$\begin{aligned} w_{\mathrm{t}}(\boldsymbol{x}+\boldsymbol{y}) &= w_{\mathrm{t}}(\boldsymbol{x})+w_{\mathrm{t}}(\boldsymbol{y})-2\,|\,\mathbf{Supp}(\boldsymbol{x})\cap\mathbf{Supp}(\boldsymbol{y})\,| \\ &\geqslant w_{\mathrm{t}}(\boldsymbol{x})+w_{\mathrm{t}}(\boldsymbol{y})-2w_{\mathrm{t}}(\boldsymbol{x}) \\ &= w_{\mathrm{t}}(\boldsymbol{y})-w_{\mathrm{t}}(\boldsymbol{x}) \end{aligned}$$

定理 2.2　n 是正整数，r 是整数，满足 $0\leqslant r\leqslant n$.n 元、非零、次数不超过 r 的布尔函数 f 的最小重量是 2^{n-r}.

证明(递归证明)：(递归基础)当 $n=1$ 时，r 只能是 0 和 1.当 $n=1$，$r=0$ 时，非零布尔函数是常函数 $f(x)=1$，其重量为 2.当 $n=1$，$r=1$ 时，非零布尔函数是 $f(x)=x$ 或者 $f(x)=x+1$，其重量为 1.所以当 $n=1$ 时，命题成立.同时，我们也可以得到 $\mathcal{R}(1,1)$ 中布尔函数的最小重量是 1.

(递归步骤)在 $\mathcal{R}(r,n)$ 中的布尔函数 $f(x)$ 都可以写成以下形式：

$$f(x_1,\cdots,x_n)=g(x_1,\cdots,x_{n-1})+x_n h(x_1,\cdots,x_{n-1})$$

其中，$g\in R(r,n-1)$，$h\in\mathcal{R}(r-1,n-1)$.显然 f、g 和 h 的值向量有如下关系（$|$ 表示把两个向量拼起来）：

$$\boldsymbol{v}_f=(\boldsymbol{v}_g\mid\boldsymbol{v}_g+\boldsymbol{v}_h)$$

根据重量的定义，可知 $w_{\mathrm{t}}(f)=w_{\mathrm{t}}(g)+w_{\mathrm{t}}(g+h)$.如果 h 是零函数，那么 $w_{\mathrm{t}}(f)=2w_{\mathrm{t}}(g)\geqslant 2\times 2^{(n-1)-r}=2^{n-r}$（其中“$\geqslant$”是依据递归基础).如果 h 非零，那么 $w_{\mathrm{t}}(f)=w_{\mathrm{t}}(g)+w_{\mathrm{t}}(g+h)\geqslant w_{\mathrm{t}}(h)\geqslant 2^{(n-1)-(r-1)}=2^{n-r}$（其中 2 个“$\geqslant$”分别依据引理 2.2 和递归基础).

2.3.2 布尔函数的线性

线性攻击是密码分析的重要工具，其核心思想是用线性函数来拟合密码算法.如果一个密码算法是由线性布尔函数组合而成的，或者说在某种程度上能够用线性函数拟合，那么这个密码算法显然是不安全的.所以我们需要有一种度量方法来衡量布尔函数的线性.

定义 2.13(布尔函数的线性) f 是 n 元布尔函数，那么 f 的线性定义为 f 的沃尔什变换的最大幅值(绝对值最大)，即

$$\mathcal{L}(f)=\max_{\boldsymbol{w}\in F_2^n}|S_f(\boldsymbol{w})|$$

帕塞瓦尔(Parseval)定理有助于我们为 $\mathcal{L}(f)$ 给出下界.

定理 2.3(帕塞瓦尔定理) $\sum_{\boldsymbol{w}\in F_2^n} S_f(\boldsymbol{w})^2=2^{2n}$

证明:

$$\begin{aligned}\sum_{\boldsymbol{w}\in F_2^n} S_f(w)^2&=\sum_{\boldsymbol{w}\in F_2^n}\left[\sum_{\boldsymbol{x}\in F_2^n}(-1)^{f(\boldsymbol{x})+\boldsymbol{w}\cdot\boldsymbol{x}}\right]\left[\sum_{\boldsymbol{y}\in F_2^n}(-1)^{f(\boldsymbol{y})+\boldsymbol{w}\cdot\boldsymbol{y}}\right]\\&=\sum_{\boldsymbol{x}\in F_2^n}\sum_{\boldsymbol{y}\in F_2^n}(-1)^{(f(\boldsymbol{x})+f(\boldsymbol{y}))}\sum_{\boldsymbol{w}\in F_2^n}(-1)^{\boldsymbol{w}\cdot(\boldsymbol{x}+\boldsymbol{y})}\\&=2^n\sum_{\boldsymbol{x}=\boldsymbol{y}}(-1)^{(f(\boldsymbol{x})+f(\boldsymbol{y}))}=2^{2n}\end{aligned}$$

帕塞瓦尔定理证明过程中第 2 行和第 3 行中等号的依据是命题 2.4.

从帕塞瓦尔定理我们知道对于任意的布尔函数 f，所有 $S_f(\boldsymbol{w})$ (或者所有的偏差)的平方和是一个定值.由此我们可以得到关于 $S_f(\boldsymbol{w})$ 下界的一个结论.

命题 2.6 f 是 n 元布尔函数，那么

$$\mathcal{L}(f)\geqslant 2^{\frac{n}{2}}$$

证明: (反证法)假设某个 f 满足 $\mathcal{L}(f)<2^{\frac{n}{2}}$，即 $\mathcal{L}(f)^2<2^n$. 根据帕塞瓦尔定理，可知

$$\sum_{\boldsymbol{w}\in F_2^n} S_f(\boldsymbol{w})^2=2^{2n}.$$

又由假设知

$$\sum_{\boldsymbol{w}\in F_2^n} S_f(\boldsymbol{w})^2<2^n 2^n$$

两者产生矛盾，故假设不成立.

某个 $\boldsymbol{w}$ 偏差值越大，意味着布尔函数和对应的线性布尔函数越接近，这不是我们期望的结果.我们期望布尔函数的所有偏差值都很小，然而布尔函数的线性是有下界的，所以有人特别关注命题 2.6 中取等号的情况，这就是 Bent 函数.

二维平面上的线性函数是直线，所以一般大家都认为线性函数是“直的”. 布尔函数取线性下界的时候“最不像”线性函数，可能这就是命名为 Bent 函数的原因，即为“弯”函数.

定义 2.14（Bent 函数）　f 是 n 元布尔函数，n 是偶数. 如果 $\mathcal{L}(f)=2^{\frac{n}{2}}$，那么 f 是 Bent 函数.

对于 Bent 函数，由帕塞瓦尔定理可知，对于所有的 $\boldsymbol{w}\in F_2^n$，

$$\varepsilon(\varphi_w+f)=S_f(\boldsymbol{w})=\pm 2^{\frac{n}{2}}$$

也就是 Bent 函数的沃尔什变换得到的谱函数绝对值是常数. 如果令 $\boldsymbol{w}=\mathbf{0}$，则 $\varepsilon(\varphi_w+f)=S_f(0)=\pm 2^{\frac{n}{2}}$，于是可知 Bent 函数都是不平衡的.

例 2.20　对于任意偶数 $n\geqslant 4$，形如下式的布尔函数

$$f(x_1,\ \cdots,\ x_n)=x_1x_2+\cdots+x_{n-1}x_n$$

是 Bent 函数.

当 n 为奇数时，Bent 函数不存在. 如果仍然希望布尔函数的线性尽量低，目前有如下一些基本结论.

例 2.21　有 $n=2t+1$ 个变元，形如下式的二次布尔函数

$$f(x_1,\ \cdots,\ x_{2t+1})=x_1x_2+\cdots+x_{2t-1}x_{2t}+x_{2t+1}$$

满足

$$\mathcal{L}(f)=2^{\frac{n+1}{2}}$$

命题 2.7　当 n 为奇数时，f 是 n 元布尔函数. f 的线性下界满足

$$2^{\frac{n}{2}}<\min_{f\in \mathrm{BOOL}} L(f)\leqslant 2^{\frac{n+1}{2}}$$

2.4　布尔函数的 SageMath 计算

例 2.22　计算三元布尔函数代数范式.

```
from sage.crypto.boolean_function import BooleanFunction
f = BooleanFunction([0, 1, 1, 1, 0, 1, 0, 1])
f.algebraic_normal_form()
```

例 2.23　计算七元布尔函数代数范式.

```
f = BooleanFunction("7969817CC5893BA6AC326E47619F5AD0") # 32 * 4 =
128 = 2^7
```

```
f.algebraic_normal_form()
```

例 2.24　选择函数的代数范式和沃尔什变换的计算.

```
from sage.crypto.boolean_function import BooleanFunction
f = BooleanFunction([0, 1, 0, 0, 0, 1, 1, 1])
print(f.algebraic_normal_form())
print(f.walsh_hadamard_transform())
print("degree:", f.algebraic_degree())
print("balanced?:", f.is_balanced())
print("bent?:", f.is_bent())
```

例 2.25　一个四变元的 Bent 函数.

```
from sage.crypto.boolean_function import BooleanFunction
R.<x, y, z, w> = BooleanPolynomialRing(4)
p = x*y+z*w
f = BooleanFunction( p )
print(f.algebraic_normal_form())
print(f.truth_table(format='int'))
print(f.walsh_hadamard_transform())
print("degree:", f.algebraic_degree())
print("balanced?:", f.is_balanced())
print("bent?:", f.is_bent())
x0*x1 + x2*x3
(0, 0, 0, 1, 0, 0, 0, 1, 0, 0, 0, 1, 1, 1, 1, 0)
(4, 4, 4, -4, 4, 4, 4, -4, 4, 4, 4, -4, -4, -4, -4, 4)
degree: 2
balanced?: False
bent?: True
```

第3章 群

抽象代数产生于19世纪,也被称为近世代数.抽象代数是研究各种代数系统的数学学科.学习抽象代数有助于对代数的本质有更深层的理解.

一个代数结构由**非空集合**以及定义在集合上的**运算**构成.例如,$\mathbb{Z}$ 是整数的集合,$+$ 代表整数的加法,是定义在 $\mathbb{Z}$ 上的运算,所以二元组($\mathbb{Z}$,$+$)是一个代数结构.

3.1 群的定义

群(Group)是最简单的代数结构.汉英大词典对"Group"的翻译是"团,群,组",数学家们选择了"群"作为"Group"的翻译.

定义 3.1(二元运算) S 是一个非空集合,$S \times S \to S$ 的映射叫 S 的二元运算"·".二元运算"·"应满足以下条件.

(1) 映射的性质:$x_1 = x_2,\ y_1 = y_2 \Rightarrow x_1 \cdot y_1 = x_2 \cdot y_2$;

(2) 封闭性:$\forall x,\ y \in S,\ x \cdot y \in S$.

定义 3.2(结合律) S 是一个非空集合,S 上的二元运算"·"如果满足 $\forall a,\ b,\ c \in S,\ (a \cdot b) \cdot c = a \cdot (b \cdot c)$,那么二元运算"·"有结合律.

定义 3.3(半群) 非空集合 S 上定义了有结合律的二元运算"·",则(S,·)是**半群**.

从名字可以看出,"半群"缺少某些条件,所以还不是"群".在半群的定义上增加若干条件约束就是群的定义.

定义 3.4(群) G 是非空集合,G 定义的二元运算"·"如果满足:

(1) 封闭性(运算的要求),$\forall a,\ b \in G,\ a \cdot b \in G$;

(2) 结合律,$\forall a,\ b,\ c \in G,\ (a \cdot b) \cdot c = a \cdot (b \cdot c)$;

(3) 存在单位元,$\exists e \in G,\ \forall a \in G,\ e \cdot a = a \cdot e = a$;

(4) 每个元素都有逆元,$\forall a \in G,\ \exists a^{-1} \in G,\ a^{-1} \cdot a = a \cdot a^{-1} = e$;

则(G,·)是群.

我们熟知的整数加法(+)、实数乘法(∗)都是二元运算,于是二元运算"·"符号可以替换为熟知的运算符号,上下文清楚的情况下也可以像乘法符号一样省略.

我们以前熟知的很多代数结构都符合群的定义.

例 3.1　($\mathbb{Z}$, $+$)是群.

很容易检验,整数加法满足封闭性和结合律.整数加法的单位元是 0,任意一个元素 $a\in\mathbb{Z}$, a 的逆元存在,即是$-a$.同理可以验证($\mathbb{Q}$, $+$)和($\mathbb{R}$, $+$)都是群.

例 3.2　($\mathbb{Z}$, $*$)不是群.

很容易检验,($\mathbb{Z}$, $*$)是半群.整数乘法的单位元是 1,也存在.然而对于 $2\in\mathbb{Z}$ 这个元素,2 的乘法逆元不在整数中,所以($\mathbb{Z}$, $*$)不是群.

群中的单位元是一个特殊的元素,有如下性质.

(1) 设(G, $\cdot$)是一个群,存在左单位元 e_{L}对任意的 a 满足 $e_{\mathrm{L}}\cdot a=a$,存在右单位元对任意的 a 满足 $a\cdot e_{\mathrm{R}}=a$,则 $e_{\mathrm{L}}=e_{\mathrm{R}}$.

证明: $e_{\mathrm{L}}=e_{\mathrm{L}}\cdot e_{\mathrm{R}}=e_{\mathrm{R}}$.

(2) 设(G, $\cdot$)是一个群,则单位元 e 是唯一的.

证明: 如果 e_1 和 e_2 都是单位元,则 $e_1=e_1\cdot e_2=e_2$.

(3) 设(G, $\cdot$)是一个群,则对任意可逆元 a,其逆元是唯一的.

群的定义中没有要求二元运算具有可交换性,所以有左单位元和右单位元的概念.由于密码学常用的代数结构都有可交换性,因此为了书写方便,本书没有严格区分左右运算.

定义 3.5(交换群)　群 G 中的运算满足交换律,即对任意的 a, $b\in G$,有 $a\cdot b=b\cdot a$,那么 G 是交换群(又称阿贝尔群,Abelian group).

群中元素的个数定义为群的**阶**,阶是群的一个基本性质.有时确定一个群的阶不是一个容易的问题.群的阶和群的结构有很强的联系.

定义 3.6　群 G 中的元素个数叫作群 G 的阶,记做 $|G|$,当 $|G|$ 有限时,G 是有限群,否则,G 是无限群.

定义 3.7(幂运算)　元素 a 的幂定义为 $a^n=a\cdots a$ (n 个 a),n 为正整数,并规定 $a^0=e$,当 $ab=ba$ 时,有 $(ab)^n=a^nb^n$.

群这个代数结构只定义了一个运算,幂运算并不是一个新的运算,而是多次进行群运算的一个简化记法.

群也可以定义在其他抽象的集合与抽象的运算之上.这大概就是抽象代数"抽象"的原因.

例 3.3　设 A 是一个集合,$S=2^A$ 为 A 的幂集,在 S 中定义二元运算为子集的并($\cup$).对于并,结合律成立,对于任何 $X\in S$ 有 $\varnothing\cup X=X\cup\varnothing=X$, $\varnothing$ 是单位元,所以(S, $\cup$)是含有单位元的半群.在 S 中除了$\varnothing$之外,其他元素都没有逆元.所以 S 不是群.

类似地,(S, $\cap$)也是含有单位元的半群,其单位元是 A.

例 3.4　整数集合 $\mathbb{Z}_n=\{\bar{0}, \bar{1}, \cdots, \overline{n-1}\}$ 是整数模 n 的同余类集合,在 $\mathbb{Z}_n$ 中定义加法(称为模 n 的加法)为 $\bar{a}+\bar{b}=\overline{a+b}$. 首先要说明,运算结果是唯一的,与同余类代表元

的选择无关.设 $\overline{a_1}=\overline{a_2}$, $\overline{b_1}=\overline{b_2}$,则有 $n \mid (a_1-a_2)$, $n \mid (b_1-b_2) \Rightarrow n \mid [(a_1+b_1)-(a_2+b_2)]$. 然后模加运算是封闭的,满足结合律.单位元是 $\bar{0}$, $\forall \bar{k} \in \mathbb{Z}_n$, $\bar{k}$ 的逆元是 $\overline{n-k}$,所以$(\mathbb{Z}_n, +)$ 是一个群.

例 3.5 设 $\mathbb{Z}_n^*=\{\bar{k} \mid \bar{k} \in \mathbb{Z}_n, (k, n)=1)$,在 $\mathbb{Z}_n^*$ 中定义乘法(称为模 n 的乘法)为 $\bar{a} \cdot \bar{b}=\overline{ab}$.

首先要说明,运算结果是唯一的,而且是封闭的.

封闭性:设 $\bar{a}$, $\bar{b} \in \mathbb{Z}_n^* \Rightarrow (a, n)=1$, $(b, n)=1 \Rightarrow (ab, n)=1$,故$\overline{ab} \in \mathbb{Z}_n^*$.

唯一性:设 $\overline{a_1}=\overline{a_2}$, $\overline{b_1}=\overline{b_2}$,则有 $n \mid (a_1-a_2)$, $n \mid (b_1-b_2) \Rightarrow n \mid [(a_1-a_1)(b_1-b_2)] \Rightarrow n \mid ((a_1b_1-a_2b_2)+(a_2-a_1)b_2+a_2(b_2-b_1)) \Rightarrow n \mid (a_1b_1-a_2b_2) \Rightarrow \overline{a_1b_1}=\overline{a_2b_2}$,故模 n 的乘法是 $\mathbb{Z}_n^*$ 中的二元运算.

显然,模 n 乘法的结合律成立.单位元是 $\bar{1}$, $\forall \bar{a} \in \mathbb{Z}_n^*$,由$(a, n)=1$ 可知,存在 p, $q \in \mathbb{Z}$,使得 $pa+qn=1$,故 $pa \equiv 1 \bmod n$, $\bar{p} \cdot \bar{a}=\bar{1}$,故$\bar{a}^{-1}=\bar{p}$.

综上所述,$(\mathbb{Z}_n^*, \cdot)$ 是一个群.

例 3.6(对称群) 设 A 是一个非空集合,A^A 是 A 上所有变换的集合,在 A^A 中定义二元运算为映射的复合. 由于映射的复合满足结合律,因此 A^A 对映射的复合构成半群. 如果记 S 为 A 上全体可逆变换的集合,则 S 对映射的复合构成群,此群称为 A 上的**对称群**,记作 S_A.

当 A 是有限集合时,可设 $A=\{1, 2, \cdots, n\}$,则 A 上的一个可逆变换可以表示为

$$f=\begin{pmatrix} 1 & 2 & \cdots & n \\ i_1 & i_2 & \cdots & i_n \end{pmatrix}$$

其中,i_1, i_2, $\cdots$, i_n 是一个排列,这样一个变换称为一个 ***n* 次对称群**,记作 S_n,由 n 阶全排列的个数知 $|S_n|=n!$. 例如,S_3共有 6(即 3!)个元素,其中 3 个元素是

$$\sigma_1=\begin{pmatrix} 1 & 2 & 3 \\ 1 & 2 & 3 \end{pmatrix}, \sigma_2=\begin{pmatrix} 1 & 2 & 3 \\ 2 & 1 & 3 \end{pmatrix}, \sigma_3=\begin{pmatrix} 1 & 2 & 3 \\ 1 & 3 & 2 \end{pmatrix}$$

例 3.7(*n* 次全线性群) 设 $\boldsymbol{M}_n(F)$ 是数域 F 上全体 n 阶矩阵的集合,则 $\boldsymbol{M}_n(F)$ 对矩阵的加法构成群.但对矩阵的乘法是半群而不是群(有些矩阵是不可逆的).

设 $\mathrm{GL}_n(F)$是数域 F 上全体可逆矩阵的集合,则 $\mathrm{GL}_n(F)$对矩阵的乘法构成群,这个群称为 F 上的 ***n* 次全线性群**,因为每个 n 阶可逆矩阵对应域 n 维线性空间中的一个可逆变换, 所以 $\mathrm{GL}_n(F)$可以看作 F 上 n 维线性空间上全体可逆线性变换的集合.

例 3.8(魔方群) R 表示所有在魔方上做的变换(置换),$\cdot$ 表示运算的复合. Rubik$=(R, \cdot)$ 构成群.

命题 3.1 G 是一个非空集合,定义了有结合律的二元运算,a、b 是G 中任意两个元素.如果 G 是一个群,则方程

$$ax = b,\ ya = b$$

有解.反之,如果上述方程在 G 中有解,则 G 是一个群.

证明: 设 G 是一个群,则

$$a^{-1}ax = a^{-1}b \rightarrow x = a^{-1}b$$

设上述方程有解,则方程 $ax = a$ 有解,方程 $ax = e$ 也有解.可以证明 G 中有单位元,每个元素都有逆元,故 G 是一个群.

命题 3.2 有限半群是群的充要条件是左、右消去律成立.

$$ax = ay \Rightarrow x = y$$
$$xa = ya \Rightarrow x = y$$

3.2　子群

群是非空集合,该集合中的某些子集在群运算之下,也构成群,这些子集就是子群.子群可以看作群的内部结构.

定义 3.8 设 H 是群 G 的一个子集,如果对于群 G 定义的二元运算,H 也是一个群,则 H 是群 G 的**子群**,记作 $H \leqslant G$.如果 $H \subset G$,则 H 是 G 的**真子群**,记作 $H < G$.$H = \{e\}$ 和 $H = G$ 都是 G 的子群,叫作 G 的**平凡子群**.

例 3.9 设 n 是正整数,则 $n\mathbb{Z} = \{nk \mid k \in \mathbb{Z}\}$ 是 $\mathbb{Z}$ 的子群.

定理 3.1 设 H 是群 G 的一个非空子集,则如下 3 个命题等价.

(1) H 是 G 的子群.

(2) 对于任何 $a, b \in H$,有 $ab \in H$ 和 $a^{-1} \in H$.

(3) 对于任何 $a, b \in H$,有 $ab^{-1} \in H$.

证明: (1)→(2),由定义可证.

(2)→(3),对于任何 $a, b \in H$,由(2)得 $b^{-1} \in H$ 和 $ab^{-1} \in H$.

(3)→(1),应用(3)可得 $aa^{-1} = e \in H$,故 H 中有单位元;应用(3)可得 $a^{-1} = ea^{-1} \in H$,故每个元素在 H 中有逆元.

定理 3.1 是判断子群的基本依据,也可以看作子群的基本性质.计算机科学和密码学使用的代数结构一般是有限的,对于有限子集 H 来说,判断子群的条件还可以进一步简化.

命题 3.3 设 H 是群 G 的一个有限子集,H 是子群的条件是对于任何 $a, b \in H$,有 $ab \in H$.

定理 3.2 设 G 是一个群,$\{H_i\}_{i \in I}$ 是 G 的一族子群,则 $\bigcap_{i \in I} H_i$ 是 G 的一个子群.

证明: 对于任意的 $a, b \in \bigcap_{i \in I} H_i$,有 $a, b \in H_i$, $i \in I$. 因为 H_i 是 G 的子群,所以

由定理 3.1 有 $ab^{-1} \in H_i$，$i \in I$，进而 $ab^{-1} \in \bigcap_{i \in I} H_i$，再由定理 3.1 可知 $\bigcap_{i \in I} H_i$ 是 G 的一个子群.

群中只定义了一个运算，该运算作用于群中的元素.有时需要把群运算作用于一个集合上的所有元素，为了表示方便，在群运算的基础上定义对集合的运算.对集合的运算也不是一种新的运算，而是一种简化表示方法.

定义 3.9　设 G 是一个群，A，B 是 G 的非空子集，g 是 G 中的一个元素，定义群中子集的运算如下：

$$AB = \{ab \mid a \in A,\ b \in B\}$$

$$A^{-1} = \{a^{-1} \mid a \in A\}$$

$$gA = \{ga \mid a \in A\}$$

命题 3.4　子群有如下常用性质.

(1) 设 $H \leqslant G$，则 H 的单位元就是 G 的单位元.

(2) H_1，$H_2 \leqslant G \rightarrow H_1 \cap H_2 \leqslant G$.

(3) H_1，$H_2 \leqslant G$，则 $H_1 \cup H_2 \leqslant G \Leftrightarrow H_1 \subseteq H_2$ 或 $H_2 \subseteq H_1$.

(4) H_1，$H_2 \leqslant G$，则 $H_1 H_2 \leqslant G \Leftrightarrow H_1 H_2 = H_2 H_1$.

证明：(1)和(2)比较显然，以下仅证明(3)和(4).

(3)的必要性是显然的.充分性：假设 $\exists a \in H_1$，$a \notin H_2$，且 $\exists b \in H_2$，$b \notin H_1$，则 $ab \in H_1 \cup H_2$.假设 $ab \in H_1$，则 $b \in H_1$，与假设矛盾.

(4)的充分性：$\forall ab \in H_1 H_2$，由 $H_1 H_2$ 是子群，有 $(ab)^{-1} \in H_1 H_2$，因此可表示为 $(ab)^{-1} = a_1 b_1$，由此可得 $ab = (a_1 b_1)^{-1} = b_1^{-1} a_1^{-1} \in H_2 H_1$，故 $H_1 H_2 \subseteq H_2 H_1$.然后 $\forall ba \in H_2 H_1$，$(ba)^{-1} = a^{-1} b^{-1} \in H_1 H_2$，由于 $H_1 H_2$ 是子群，故有 $ba \in H_1 H_2$，于是 $H_2 H_1 \subseteq H_1 H_2$.由上可得 $H_1 H_2 = H_2 H_1$.

(4)的必要性：$\forall a_1 b_1$，$a_2 b_2 \in H_1 H_2$，$(a_1 b_1)(a_2 b_2)^{-1} = a_1 b_1 b_2^{-1} a_2^{-1} = a_1 b' a_2^{-1} = a_1 a' b'' = a'' b'' \in H_1 H_2$，由定理 3.2 可知 $H_1 H_2 \leqslant G$.

3.3　元素的阶

命题 3.5　设 G 是群，$a \in G$，使

$$a^n = e$$

成立的最小正整数 n 称为 a 的**阶**(order)，记作 $o(a)$.若没有这样的正整数存在，则称 H 的阶是无限的.由定义可知，单位元的阶是 1. 在加群中，上式变为

$$na = 0$$

例如，在（$\mathbb{Z}$，+）中，除了 0 以外的元素都是无限阶的.但是在（$\mathbb{Z}_n$，+）中元素的阶都是有限的.例如在 H 中，$\mathbb{Z}_6=\{\bar{0},\ \bar{1},\ \bar{2},\ \bar{3},\ \bar{4},\ \bar{5}\}$，$o(\bar{1})=6$，$o(\bar{2})=3$.

循环群是结构最简单的群，是一个元素（生成元）在群运算作用下生成的.

定义 3.10 设 G 是群，$a\in G$，令 $H=\{a^k \mid k\in\mathbb{Z}\}$，因为 $\forall a^{k1}$，$a^{k2}\in H$，有 $a^{k1}(a^{k2})^{-1}=a^{k1-k2}\in H$，所以 H 是 G 的子群.此子群称为由 a 生成的**循环子群**，记作 $\langle a\rangle$，$\boldsymbol{a}$ 为它的生成元.若 $\boldsymbol{G}=\langle \boldsymbol{a}\rangle$，则称 G 是**循环群**（简言之，一个元素生成的群.）

定理 3.3 设 S 是群 G 的一个非空子集，包含 S 的最小子群称为由 S 生成的子群，记作 $\langle S\rangle$，S 称为它的**生成元集**.$\langle S\rangle$可以表示为

$$\langle S\rangle=\{a_1^{\varepsilon 1}a_2^{\varepsilon 2}\cdots a_k^{\varepsilon k} \mid a_i\in S,\ \varepsilon_k\in\mathbb{Z},\ k=1,\ 2,\ \cdots\}$$

证明： 可设 H 是右边的集合，由子群的条件可以看出 H 是子群，并且 $S\subseteq H$.如果 K 是任意一个包含 S 的子群，对于任何 $x=a_1^{\varepsilon 1}\cdots a_k^{\varepsilon k}\in H$，因为 $a_i\in S\subseteq K$，又因 K 是子群，所以 $a_i^{\varepsilon i}\in K$，$a_1^{\varepsilon 1}\cdots a_k^{\varepsilon k}\in K$，可得 $H\subseteq K$，因此 H 是包含 S 的最小子群，由定义可得 $\langle S\rangle=H$.

例 3.10 （$\mathbb{Z}$，+）是由 1 生成的循环群：（$\mathbb{Z}$，+）$=\langle 1\rangle$，$H_m=\{mk \mid k\in\mathbb{Z}\}=\langle m\rangle$ 是 $\mathbb{Z}$ 的循环子群.（$\mathbb{Z}_n$，+）$=\langle\bar{1}\rangle$ 是 n 阶循环群.

例 3.11 （$\mathbb{Z}_p^*$，·）是群，其中运算为模 p 的乘法.如果 g 是原根，则 $G=\langle g\rangle$ 是 $\varphi(p)=p-1$ 阶循环群.$\langle g^d\rangle$ 是 G 的子群.

例 3.12 设 $K_4=\{e,\ a,\ b,\ c\}$，K_4 中的二元运算 · 由以下乘法表给出：

·	e	a	b	c
e	e	a	b	c
a	a	e	c	b
b	b	c	e	a
c	c	b	a	e

K_4 的生成元集是 $\{a,\ b\}$，可以表示为如下形式：

$$K=\langle a,\ b\rangle$$

显然 K_4 不是循环群，无法找到 K_4 中的一个元素在群运算作用下生成 K_4 的所有元素.

3.4 同态和同构

一般来说，我们对某些群比较熟悉，如实数群、整数群及其子群；对有些群比较陌生，如一些比较抽象的群.同态和同构是两个群之间的一种关系，如果两个群之间存在同构或同态关系，那么这两个群的结构和性质都有某种联系.如果某个陌生群同构于一个我们熟

知的群,那么我们就不用研究那个陌生群了,我们熟知的群的所有性质都适用于陌生群.

定义 3.11 设 $(G, \cdot)$ 和 $(G', \circ)$ 是两个群,若存在一个 G 到 G' 的映射 f 满足:

$$\forall a, b \in G, f(a \cdot b) = f(a) \circ f(b)$$

则 f 是 G 到 G' 的一个**同态**,并称 G 和 G' 同态,记作 $G \sim G'$. 如果 f 是单射,则称 f 是**单同态**;如果 f 是满射,则称 f 是**满同态**. 如果 $G = G'$, 则 f 称作**自同态**.

定义 3.12 设 $(G, \cdot)$ 和 $(G', \circ)$ 是两个群,若存在一个 G 到 G' 的双射 f 满足:

$$\forall a, b \in G, f(a \cdot b) = f(a) \circ f(b)$$

则 f 是 G 到 G' 的一个**同构映射**,并称 G 和 G' **同构**,记作 $G \cong G'$. 通常把 $f(a \cdot b) = f(a) \circ f(b)$ 称为 f 保持群的运算关系.

定理 3.4 设 f 是群 G 到群 G' 的一个同态,则有以下性质.

(1) $e' = f(e)$, 即同态将单位元映射到单位元.

(2) $\forall a \in G, f(a^{-1}) = f(a)^{-1}$.

(3) $\mathrm{Ker}\, f = \{a \mid a \in G, f(a) = e'\}$ 是 G 的子群,称为**核子群**,且 f 是单同态的充要条件是 $\mathrm{Ker}\, f = \{e\}$.

(4) $f(G) = \{f(a) \mid a \in G\}$ 是 G' 的子群,称为**像子群**,且 f 是满同态的充要条件是 $f(G) = G'$.

(5) 设 H' 是群 G' 的子群,则集合 $f^{-1}(H') = \{a \in G \mid f(a) \in H'\}$ 是 G 的子群. $f^{-1}(H')$ 为 H' 的**原像集**.

证明: (1) $f(e \cdot e) = f(e) \circ f(e)$, 则 $f(e) = f(e) \circ f(e)$, 两边同乘 $f(e)^{-1}$ 得 $f(e)^{-1} \circ f(e) = f(e)^{-1} \circ f(e) \circ f(e)$, 即 $e' = f(e)$.

(2) 因为 $f(e) = f(a^{-1} \cdot a) = f(a^{-1}) \circ f(a) = e'$, 所以 $f(a^{-1}) = f(a)^{-1}$.

(3) $\forall a, b \in \mathrm{Ker}\, f$, 有 $f(a) = e'$, $f(b) = e'$, $f(ab^{-1}) = f(a) \circ f(b^{-1}) = f(a) \circ f(b)^{-1} = e' \circ e' = e'$, 故 $ab^{-1} \in \mathrm{Ker}\, f$.

(必要性)显然, 如果 f 是单同态,则 $\mathrm{Ker}\, f = \{e\}$.

(充分性)如果 $\mathrm{Ker}\, f = \{e\}$, $\forall a, b \in G$, 使得 $f(a) = f(b)$, 我们要证明 $a = b$, 即 f 是单射. 因为

$$f(ab^{-1}) = f(a) \circ f(b^{-1}) = f(a) \circ f(b)^{-1} = f(a) \circ f(a)^{-1} = e'$$

所以 $ab^{-1} \in \mathrm{Ker}\, f$, 即 $ab^{-1} = e$. 因为群中的逆元是唯一的,所以 $a = b$.

(4) 因为 $\forall x, y \in f(G)$, $\exists a, b$, 使得 $f(a) = x$, $f(b) = y$, 所以 $x \circ y^{-1} = f(a) \circ f(b)^{-1} = f(ab^{-1}) \in f(G)$, 故 $f(G)$ 是 G' 的子群.

(5) $\forall a, b \in f^{-1}(H')$, 因为 H' 是子群,

$$f(ab^{-1}) = f(a) \circ f(b^{-1}) = f(a) \circ f(b)^{-1} \in H'$$

所以，$ab^{-1} \in f^{-1}(H')$，于是 $f^{-1}(H')$ 是 G 的子群.

对于两个同构的群，如果不考虑他们的实际背景而只考虑其代数结构，可以视其为同一个群.下面举例说明同态，有助于理解同态的概念.

例 3.13 加群$\mathbb{Z}$到乘法群 $G=\langle g\rangle=\{g^n \mid n \in \mathbb{Z}\}$ 的映射 $f: n \to g^n$，是$\mathbb{Z}$到 G 的同态.

$$\forall a, b \in \mathbb{Z}, f(a+b)=g^{a+b}=g^a \circ g^b=f(a) \circ f(b)$$

例 3.14 设$G=(\mathbb{R}^+, \cdot)$，$G'=(\mathbb{R}, +)$，其中$\mathbb{R}^+$是所有正实数的集合，证明$G \cong G'$.

证明： 作 G 到G'的关系 $f: x \to \lg x$，($\mathbb{R}^+ \to \mathbb{R}$). 显然，这是一个映射.因为 $\lg x_1 = \lg x_2 \Rightarrow x_1=x_2$，所以 f 是单射；又对于任意 $b \in G'$，取 $x=10^b$，则 $f(x)=b$，故 f 也是满射.因此 G 是一一映射.

$$\forall x_1, x_2 \in G, f(x_1 \cdot x_2)=\lg(x_1 \cdot x_2)=\lg x_1+\lg x_2=f(x_1)+f(x_2)$$

故由定义知 $G \cong G'$.

例 3.15 设 $U_n=\{e^{\frac{2k\pi}{n}i} \mid k=0, 1, \cdots, n-1\}$ 是复数域上的所有 n 次单位根的集合，U_n 关于复数的乘法构成群.证明 $(U_n, \cdot) \cong (\mathbb{Z}_n, +)$.

证明： 作 $\mathbb{Z}_n$到U_n 的映射$f: \bar{k} \to e^{\frac{2k\pi}{n}i}$, $k=0, 1, \cdots, n-1$. 首先要证明这是一个映射.

因为 $\overline{k_1}=\overline{k_2} \Rightarrow k_1=k_2+qn \Rightarrow e^{\frac{2k_1\pi}{n}i}=e^{\frac{2k_2\pi}{n}i}$，所以 f 是映射.显然可以证明 f 是一一映射，并且

$$f(\overline{k_1}+\overline{k_2})=f(\overline{k_1+k_2})=e^{\frac{2(k_1+k_2)\pi}{n}i}=e^{\frac{2k_1\pi}{n}i}e^{\frac{2k_2\pi}{n}i}=f(\overline{k_1}) \cdot f(\overline{k_2})$$

因此由定义知 $\mathbb{Z}_n \cong U_n$.

3.5 商群

定义 3.13 设$(G, \cdot)$是一个群，$H \leqslant G$，$a \in G$，则称 $a \cdot H$ 为 H 的一个**左陪集**(left coset)，$H \cdot a$ 称为 H 的一个**右陪集**(right coset). 一般地，陪集 $a \cdot H$ 称为以 a 为**代表元**的**陪集**.

当 G 是交换群时，子群 H 的左、右陪集相等.

例 3.16 设 $n>1$，且 n 是整数，则 $H=n\mathbb{Z}$ 是$(\mathbb{Z}, +)$ 的子群，子集

$$a+n\mathbb{Z}=\{a+nk \mid k \in \mathbb{Z}\}$$

是 $H=n\mathbb{Z}$ 的左陪集，该陪集为模 n 的一个同余类.

陪集有如下性质.

定理 3.5 已知 H 是 G 的子群,

(1) $b \in aH \Leftrightarrow aH = bH$, 即陪集中任何元素都可以作为代表元.

(2) $aH = bH \Leftrightarrow a^{-1}b \in H$,(或 $Ha = Hb \Leftrightarrow ba^{-1} \in H$).

(3) 对任何 $a, b \in G$, $aH \cap bH = \varnothing$ 的充要条件是 $b^{-1}a \notin H$.

(4) $aH = H \Leftrightarrow a \in H$.

证明:

(1) 充分性: 因为 $b \in aH$,所以 $\exists h \in H$,使得 $b = ah$,于是 $bH = ahH = aH$.

必要性: 因为 $aH = bH$,所以 $\exists h_1, h_2 \in H$,使得 $ah_1 = bh_2 \Rightarrow b = ah_1h_2^{-1} \Rightarrow b \in aH$.

(2) 充分性: 因为 $aH = bH$,所以 $\exists h_1, h_2 \in H$,使得 $ah_1 = bh_2 \Rightarrow a = bh_2h_1^{-1} \Rightarrow b^{-1}a = h_2h_1^{-1} \Rightarrow b^{-1}a \in H$.

必要性: 因为 $b^{-1}a \in H$,所以 $\exists h \in H$,使得 $b^{-1}a = h \Rightarrow a = bh \Rightarrow a \in bH \Rightarrow aH = bH$.

(3) 必要性: 由上述(2)的必要性反证可得.

充分性: (反证)假设 $aH \cap bH \neq \varnothing$,则 $\exists c \in aH \cap bH$,即 $c = ah_1 = bh_2 \Rightarrow b^{-1}a \in H$, 与条件矛盾.

(4) 可看作上述(1)的特例.

设 H 是 G 的子群,则群 G 可以表示为不相交的左(右)陪集的并集,即对任何 $a, b \in G$,有 $aH = bH$ 或者 $aH \cap bH = \varnothing$. 这是一种**划分**的概念.

定义 3.14 设 H 是 G 的子群,则群 H 在 G 中不同左(右)陪集构成的集合 $\{aH \mid a \in G\}$ 称为 H 在 G 中的**商集**. H 在 G 中左(右)陪集的个数称为 H 在 G 中的**指标**,或者称为**指数**, 记作 $[G : H]$.

定理 3.6(拉格朗日定理) 设 G 是有限群, $H \leqslant G$, 则

$$|G| = |H|[G : H]$$

证明: 设 $[G : H] = m$, 于是存在 $a_1, \cdots, a_m \in G$ 使 $G = \bigcup_{i=1}^{m} a_iH$, 且 $a_iH \cap a_jH = \varnothing$, $(i \neq j)$, 而每一个陪集的元素个数均为 $|a_iH| = |H|$,故 $|G| = \sum_{i=1}^{m} |a_iH| = m|H| = |H|[G : H]$.

设 G 是有限群, $H \leqslant G$,则 $|H| \mid |G|$.

命题 3.6 当 $|G| < \infty$ 时,对任何 $a \in G$ 有 $o(a) \mid |G|$. 其中,$o(a)$为元素 a 的阶, $o(a) = |\langle a \rangle|$.

命题 3.7 若 $|G| = p$, 其中 p 为素数,则 $G = C_p$(p 阶循环群),即素数阶群必为循环群.

拉格朗日定理是群的基本定理之一,有很多有趣的应用.

例 3.17 确定所有可能的四阶群: 由拉格朗日定理,群中元素的阶能整除群的阶,故可以分为如下情况进行讨论.

(1) G 中存在四阶元,则 $G=C_4$.

(2) G 中不存在四阶元,则除单位元外,其他元素的阶都是 2,故 G 是交换群.

设 $G=\{e, a, b, c\}$, $o(a)=o(b)=o(c)=2$.因为 $ab\neq e$, $ab\neq a$, $ab\neq b$,所以 $ab=c$. 同理可得 $bc=cb=a$, $ac=ca=b$, $ba=c$,因此 $G=K_4$.

由此可知,四阶群只有两种可能:四阶循环群或者克莱因(Klein)四元群(K_4).

命题 3.8 设 H, K 是交换群 G 的两个子群,则 HK 是 G 的子群.

命题 3.9 设 H, K 是有限群 G 的子群, $|HK|=|H||K|/|H\cap K|$.

命题 3.10 设 H, K 是群 G 的子群, $[H:H\cap K]\leqslant[G:K]$.

命题 3.11 设 H, K 是群 G 的有限子群, $[G:H\cap K]$ 是有限的,且 $[G:H\cap K]\leqslant[G:H][G:K]$.

群中有一种特殊的子群:正规子群,其定义如下.

定义 3.15 设 G 是群, $H\leqslant G$,若 $\forall g\in G$,有

$$gH=Hg$$

则称 H 是 G 的**正规子群**,或者**不变子群**,记作 $H\trianglelefteq G$. 任何群都有两个平凡的正规子群: G 和 $\{e\}$.如果 G 是交换群,则 G 的任何子群都是正规子群.

命题 3.12 指数为 2 的子群必为正规子群.

证明: 设 G 是群, $H\leqslant G$,且$[G:H]=2$,取 $a\in G\backslash H$,则 $aH\cap H=\varnothing$, $G=H\cup aH=H\cup Ha$,由陪集的性质得 $aH=G\backslash H=Ha$,故 $H\trianglelefteq G$.

下面给出正规子群的性质,这些性质也可以看作正规子群的判定方法.

定理 3.7 设 H 是 G 的子群,则如下命题等价:

(1) $\forall a\in G$,有 $aH=Ha$;

(2) $\forall a\in G$, $\forall h\in H$,有 $aha^{-1}\in H$;

(3) $\forall a\in G$,有 $aHa^{-1}\subseteq H$;

(4) $\forall a\in G$,有 $aHa^{-1}=H$.

证明: (1)→(2), $\forall a\in G$, $\forall h\in H$,有 $ah\in Ha\Rightarrow ah=h_1a\Rightarrow aha^{-1}=h_1\in H$.

(2)→(3), $aha^{-1}\in H\Rightarrow aHa^{-1}\subseteq H$.

(3)→(4),由 $\forall a\in G$,有 $aHa^{-1}\subseteq H$,因而有 $a^{-1}H(a^{-1})^{-1}\subseteq H$,即 $a^{-1}Ha\subseteq H$,故 $\forall h\in H$,有 $a^{-1}ha=h_1$,故 $h=ah_1a^{-1}\in aHa^{-1}$,得 $H\subseteq aHa^{-1}$,故 $aHa^{-1}=H$.

(4)→(1), $aHa^{-1}=H\Rightarrow(aHa^{-1})a=Ha\Rightarrow aH=Ha$.

我们可以利用正规子群的性质来判断子群是不是正规子群.

例 3.18 设

$$G=\left\{\begin{bmatrix} r & s \\ 0 & 1 \end{bmatrix} \mid r, s\in\mathbb{Q}, r\neq 0\right\}$$

$$H=\left\{\begin{bmatrix}1 & s\\0 & 1\end{bmatrix} \mid s\in\mathbb{Q}\right\}$$

G 对矩阵乘法构成群，判断 H 是不是正规子群.任取

$$\boldsymbol{a}=\begin{bmatrix}r & s\\0 & 1\end{bmatrix}\in G,\ \boldsymbol{h}=\begin{bmatrix}1 & t\\0 & 1\end{bmatrix}\in H$$

则有

$$\boldsymbol{aha}^{-1}=\begin{bmatrix}r & s\\0 & 1\end{bmatrix}\begin{bmatrix}1 & t\\0 & 1\end{bmatrix}\begin{bmatrix}r^{-1} & -r^{-1}s\\0 & 1\end{bmatrix}=\begin{bmatrix}1 & rt\\0 & 1\end{bmatrix}\in H$$

故 $H\trianglelefteq G$.

定理 3.8　设 $H\trianglelefteq G$，则 G 关于 H 的左陪集的集合与 G 关于 H 的右陪集的集合相等，称作 G 关于 H 的陪集集合，记作 G/H，即

$$G/H=\{aH\mid a\in G\}=\{Ha\mid a\in G\}$$

G/H 关于子集的乘法构成群，称为**商群**.

证明：先证明子集的乘法是 G/H 中的二元运算，即 $\forall aH,\ bH\in G/H$. 由于子集的乘法满足结合律，且 H 是正规子群，可得 $aH\cdot bH=(\{a\}H)(\{b\}H)=\{a\}(H\{b\})H=(a(Hb))H=(abH)H=abH\in G/H$，故子集乘法在 G/H 中封闭.可以证明子集的乘法是一个映射，故子集的乘法是 G/H 中的一个二元运算.G/H 中有单位元 H：$\forall aH\in G/H$，$aH\cdot H=H\cdot aH=aH$. $\forall aH\in G/H$，有逆元 $a^{-1}H$.

综上所述，G/H 关于子集的乘法构成群.

命题 3.13　设 G 是有限交换群，p 为素数，且 $p\mid |G|$，则 G 中有 p 阶元.

证明：对 $|G|$ 使用归纳法.

$|G|=p$，显然成立.设 $|G|=n>p$，命题对 $|G|<n$ 及 $p\mid |G|$ 成立，需要证明对 $|G|=n$ 及 $p\mid n$ 命题也成立.

任取 $a\in G$，设 $o(a)=k>1$，若 $p\mid k$，则 $a^{k/p}$ 就是 p 阶元. 若 $p\nmid k$，令 $H=\langle a\rangle$，则 $H\trianglelefteq G$，商群 $G/H=G'$，满足 $|G'|=n/k<n$ 和 $p\mid |G'|$.

由归纳假设 G' 中存在 p 阶元 $cH\in G'$，$o_{G'}(cH)=p$，即 $(cH)^p=H$. 于是有 $c^p\in H$ 和 $c^{pk}=e$，即 $(c^k)^p=e$，可证 $c^k\neq e$；否则由 $c^k=e$ 可得 $(cH)^k=H$. 而 (cH) 是 p 阶元，因此可得 $p\mid k$，与假设矛盾.故 c^k 就是 G 中的 p 阶元.

定理 3.9(自然同态)　设 G 是群，$H\trianglelefteq G$，$G'=G/H$，作映射：

$$\varphi：a\to aH(G\to G/H)$$

因为 $\varphi(ab)=abH=aHbH=\varphi(a)\varphi(b)$，所以 φ 是同态，而且是满同态，因此 $G\sim$

G/H. 此同态称为群 G 到它的商群的**自然同态**.

命题 3.14 设 f 是 G 到 G' 的同态, $K = \mathrm{Ker}\, f$, 则:

(1) $K \trianglelefteq G$;

(2) $\forall a' \in \mathrm{Im}\, f$, 若 $f(a)=a'$, 则 $f^{-1}(a')=aK$;

(3) f 是单同态 $\Leftrightarrow K=\{e\}$.

证明: (1) K 是 G 的子群, 因为 $\forall g \in G$, $k \in K$, 有 $f(gkg^{-1}) = f(g)f(k)f(g^{-1})=f(g)f(g^{-1})=e'$, 所以 $gkg^{-1} \in K$, 因而 $K \trianglelefteq G$.

(2) 因为 $\forall k \in K$, 有 $f(ak) = f(a)f(k) = a'$, 所以 $ak \in f^{-1}(a')$, 因而 $aK \subseteq f^{-1}(a')$.

反之, $\forall x \in f^{-1}(a')$, $f(x)=a'$, 即 $f(x)=f(a)$, $f(a)^{-1} \cdot f(x)=e'$, 得 $a^{-1}x \in K$, 因而 $x \in aK$, $f^{-1}(a') \subseteq aK$.

故 $f^{-1}(a')=aK$.

(3) f 是单射 $\Leftrightarrow \forall a' \in f(G)$, 有 $|f^{-1}(a')|=1 \Leftrightarrow |aK|=1 \Leftrightarrow |K|=1 \Leftrightarrow K=\{e\}$.

定理 3.10(同态基本定理) 设 f 是 G 到 G' 的满同态, $K=\mathrm{Ker}\, f$, 则

(1) $G/K \cong G'$;

(2) 设 φ 是 G 到 G/K 的自然同态, 则存在 G/K 到 G' 的同构 σ 使 $f=\sigma\varphi$.

证明: (1) 设 $G/K=\{gK \mid g \in G\}$, 作对应关系

$$\sigma:\ gK \to f(g)(G/K \to G')$$

因为 $g_1K=g_2K \Leftrightarrow g_1^{-1}g_2 \in K \Leftrightarrow f(g_1^{-1}g_2)=e' \Leftrightarrow f(g_1)=f(g_2)$, 所以 σ 是映射且是单射.

又 $\forall b \in G'$, 因为 f 是满同态, $\exists a \in G$, 使 $f(a)=b$, 所以 $\exists aK \in G/K$ 使 $\sigma(aK)=f(a)=b$, 所以 σ 是满射.

$$\begin{aligned}\sigma(g_1Kg_2K) &= \sigma(g_1g_2K)=f(g_1g_2)=f(g_1)f(g_2)\\ &=\sigma(g_1K)\sigma(g_2K)\end{aligned}$$

所以 σ 是同构映射, $G/K \cong G'$.

(2) 取(1)中所述的 σ: $gK \to f(g)$, 为 $(G/K \to G')$ 的映射, 则 $\forall x \in G$, 有

$$(\sigma\varphi)(x)=\sigma(\varphi(x))=\sigma(xK)=f(x)$$

故 $\sigma\varphi=f$.

定理 3.11 设 K 是 G 的正规子群, H 是 G 的包含 K 的子群, 则 $\overline{H}=H/K$ 是商群 $\overline{G}=G/K$ 的子群.

定理 3.12 设 H, K 是 G 的子群, K 是 G 的正规子群, 则 $H \cap K$ 是 H 的正规子群.

3.6　循环群

例 3.19　$G=\mathbb{Z}_7^*$ 是六阶循环群，对于 6 的因子 1，2，3，6，G 中有唯一一个阶为 6，3，2，1 的子群(也是循环群).除此之外，G 中再没有其他子群.如果 G 是 $\mathbb{Z}_{20}$，则 H 是 G 的一个子群.如果 6 是 H 中的元素，则 $H=\{6, 12, 18, 4, 10, 16, 2, 8, 14, 0\}$；如果 4 是 H 中的元素，则 $H=\{4, 8, 12, 16, 0\}$；如果 5 是 H 中的元素，则 $H=\{5, 10, 15, 0\}$. 如果 G 是循环群，那么群中每个元素 a 的阶不一定是 n.

定理 3.13　设 G 是一个群，$a\in G$，$o(a)=m$，对于任何整数 $1\leqslant d\leqslant m$，有 $o(a^d)=\dfrac{m}{(m, d)}$.

证明： 设 $o(a^d)=k$，令 $c=(m, d)$，有 $m=cm_1$，$d=cd_1$，$(m_1, d_1)=1$.

$$(a^d)^{m_1}=a^{cm_1d_1}=(a^m)^{d_1}=1\Rightarrow k\mid m_1$$

$$a^{dk}=1\Rightarrow m\mid dk\Rightarrow m_1\mid d_1k\Rightarrow m_1\mid k$$

因此，$k=m_1=\dfrac{m}{(m, d)}$.

定理 3.14　循环群的子群是循环群.

证明： 设循环群 $G=\langle a\rangle=\{a^n\mid n\in\mathbb{Z}\}$，考虑映射

$$f: n\rightarrow a^n, (\mathbb{Z}\rightarrow G)$$

因为 $f(n+m)=a^{n+m}=a^na^m=f(n)f(m)$，所以 f 是 $\mathbb{Z}$ 到 G 的同态.对于 G 的子群 H，$K=f^{-1}(H)$ 是 $\mathbb{Z}$ 的子群.因为 K 是循环群，所以 $H=f(K)$ 是循环群(有生成元).

定理 3.15　$G=\langle a\rangle$ 是循环群，有以下性质：

(1) 如果 G 是无限阶的，则 G 的生成元是 a 和 a^{-1}；

(2) 如果 G 的阶是 m，则 a^k 是 G 的生成元的充要条件是 $(k, m)=1$.

证明：(1) 无限循环群同构于加群，于是得证.

(2) 由定理 3.13 可知，$o(a^k)=\dfrac{m}{(k, m)}$.

引理 3.1　设 G 是群，$a, b\in G$，$o(a)=m$，$o(b)=n$，若 $(m, n)=1$ 和 $ab=ba$，则 $o(ab)=mn$.

证明： 设 $o(ab)=k$，因为 $(ab)^{mn}=a^{mn}b^{mn}=1$，所以由元素阶的性质可知 $k\mid mn$.

另一方面，由 $(ab)^{km}=b^{km}=1$ 得 $n\mid km$，又由 $(n, m)=1$ 得 $n\mid k$，同理可得 $m\mid k$. 再因为 $(n, m)=1$，所以 $mn\mid k$.

综上所述，可得 $k=o(ab)=mn$.

引理 3.2 设 G 是交换群，$a, b \in G$，存在 c 使得

$$o(c)=[o(a), o(b)]$$

证明： 对于整数 $o(a)$，$o(b)$，存在整数 u，v，满足

$$u \mid o(a), v \mid o(b), (u, v)=1, [o(a), o(b)]=uv$$

令：

$$s=\frac{o(a)}{u}, t=\frac{o(b)}{v}$$

由定理 3.13 可知

$$o(a^s)=\frac{o(a)}{(o(a), s)}=u, o(b^t)=\frac{o(b)}{(o(b), t)}=v$$

由引理 3.1 可知

$$o(a^s b^t)=o(a^s)o(b^t)=uv=[o(a), o(b)]$$

综上所述，可得 $c=a^s b^t$.

命题 3.15 $G=\langle a\rangle$ 是循环群，对于 $o(a)$ 的每一个正因子 d，G 中正好包含一个 d 阶子群.

证明： (存在性)令 $d>1$，且 $d \mid m=o(a)$，因为 d 是满足 $(a^{m/d})^d=e$ 的最小正整数，所以 $\langle a^{m/d}\rangle$ 是 $G=\langle a\rangle$ 的一个 d 阶子群.

(唯一性)如果存在另一个 d 阶子群，则必是循环群，设为 $\langle a^k\rangle$. 因为 $a^{kd}=e$，有 $m \mid kd$，$m/d \mid k$. 所以，$a^k \in \langle a^{m/d}\rangle$，即 $\langle a^k\rangle \subseteq \langle a^{m/d}\rangle$. 又因为这两个群有相同的阶，所以 $\langle a^k\rangle=\langle a^{m/d}\rangle$.

命题 3.16 $G=\langle a\rangle$ 是循环群，$o(a)=m$，对于 m 的每个正因子 d，G 中包含 $\varphi(d)$ 个 d 阶元.

证明： 令 a^k 是 G 中任意元素，可知，a^k 的阶为 $d=m/(k, m)$，$m/d=(k, m)$. 记 $k=c\dfrac{m}{d}$，则 $(k, m)=\left(c\dfrac{m}{d}, d\dfrac{m}{d}\right)=\dfrac{m}{d}$，$(c, d)=1$. 由欧拉函数的定义知，一共有 $\varphi(d)$ 个这样的 c.

命题 3.17 素数阶群均为循环群.

3.7 有限生成交换群

命题 3.18 设 G 是加法交换群，X 是 G 上的非空子集，则 X 生成的子群是所有线性

组合

$$n_1x_1+n_2x_2+\cdots+n_kx_k,\ k\in\mathbb{N},\ n_i\in\mathbb{Z},\ x_i\in X$$

组成的集合,如一个元素生成的循环子群 $\langle x\rangle=\{nx\mid n\in\mathbb{Z}\}$.

定义 3.16　设 G 是加法交换群,X 是 G 上的非空子集,如果:

(1) $G=\langle X\rangle$;

(2) X 中任意不同元素 $x_1, x_2, \cdots, x_k$ 在 $\mathbb{Z}$ 上线性无关,即不存在不全为零的整数使得

$$n_1x_1+n_2x_2+\cdots+n_kx_k=0$$

则称 X 是 G 的**基底**.

命题 3.19　设 $H_1, H_2, \cdots, H_k$ 是交换群 G 的 k 个子群,如果

$$(H_1+\cdots+H_{i-1}+H_{i+1}+\cdots+H_k)\cap H_i=\{0\}$$

则称 $H_1+H_2+\cdots+H_k$ 是 $H_1, H_2, \cdots, H_k$ 的**直和**.(乘法群就称为**直积**.)

定理 3.16　设 G 是交换群,X 是 G 的非空基底,则 G 是一组循环群的直和,这样的群称为**自由交换群**.

证明: 由基底定义,$G=\sum\limits_{x\in X}\langle x\rangle$,需要证明 $\forall x\in X$,

$$\langle x\rangle\cap\left(\sum_{x_i\neq x,\ x_i\in X}\langle x_i\rangle\right)=\{0\}$$

反证:如果存在 $y\in\langle x\rangle\cap\left(\sum\limits_{x_i\neq x,\ x_i\in X}\langle x_i\rangle\right)$,$y\neq 0$,则存在 $n\in Z\backslash\{0\}$,以及 $n_1, \cdots, n_k$,使得

$$y=nx=n_1x_1+n_2x_2+\cdots+n_kx_k,\ -nx+n_1x_1+n_2x_2+\cdots+n_kx_k=0$$

由于 $x, x_1, \cdots, x_k$ 是 X 中的不同元,根据基底定义

$$-n=n_1=n_2=n_k=0,\ y=0$$

定理 3.17　自由交换群任意两个基底所含元素的个数相同.自由交换群 G 基底元素的个数叫作 G 的**秩**.

定理 3.18　交换群 G 都是秩为 $|X|$ 的自由交换群的同态像子群,其中 X 为 G 的生成元集.

证明: (构造法)设 G 的生成元集 $X=\{x_1, x_2, \cdots\}=\{x_i\}_{i\in I}$,其中,$I$ 为指标集(index set),$|X|=|I|$.考虑集合

$$Z^I=\{(n_1, n_2, \cdots, n_i, \cdots)\mid n_i\in Z,\ i\in I\}$$

可以检验,Z^I 的秩为 $|X|=|I|$,对于整数加法是自由交换群.考察映射

$$f:(n_1, n_2, \cdots, n_k, \cdots) \to n_1x_1 + n_2x_2 + \cdots + n_kx_k + \cdots$$

是 Z^I 到 G 的满同态,故 $G=f(Z^I)$.

定义 3.17 设 n 是正整数,如果 n 可以表示为

$$n = p_1^{\alpha_1} p_2^{\alpha_2} \cdots p_s^{\alpha_s}$$

其中,p_i 为素数,不要求互异,$\alpha_i \geqslant 1$,则称 $\{p_1^{\alpha_1}, p_2^{\alpha_2}, \cdots, p_s^{\alpha_s}\}$ 为 n 的一个**初等因子组**.

定义 3.18 设 n 是正整数,如果 n 可以表示为

$$n = h_1 h_2 \cdots h_r$$

其中,$h_i \mid h_{i+1}(i=1, 2, \cdots, r-1)$,则称 $\{h_1, h_2, \cdots, h_r\}$ 为 n 的一个**不变因子组.**

例 3.20 $n=72$ 可以表示为 $72=2^3 \cdot 3^2=2^2 \cdot 2 \cdot 3^2=2 \cdot 2 \cdot 2 \cdot 3^2=2^3 \cdot 3 \cdot 3=2^2 \cdot 2 \cdot 3 \cdot 3=2 \cdot 2 \cdot 2 \cdot 3 \cdot 3$. 以上是全部初等因子组.不变因子组为 $\{72\}$, $\{2, 36\}\{2, 2, 18\}$, $\{3, 24\}$, $\{6, 12\}$, $\{2, 6, 6\}$.

命题 3.20 设 G 是有限交换群,如果 $|G|=n$,则 G 可以表示为

$$G = C_{p_1^{\alpha_1}} \times C_{p_2^{\alpha_2}} \times \cdots \times C_{p_s^{\alpha_s}}$$

其中,$\times$ 是直积;$\{p_1^{\alpha_1}, p_2^{\alpha_2}, \cdots, p_s^{\alpha_s}\}$ 为 n 的某个初等因子组,也称为群 G 的初等因子组.两个有限交换群同构的充要条件是他们有相同的初等因子组.

命题 3.21 设 G 是有限交换群,如果 $|G|=n$, G 可以表示为

$$G = C_{h_1} \times C_{h_2} \times \cdots \times C_{h_r}$$

其中,$\times$ 是直积;$\{h_1, h_2, \cdots, h_r\}$ 为 n 的某个不变因子组,也称为群 G 的不变因子组.两个有限交换群同构的充要条件是他们有相同的不变因子组.

例 3.21 设 G 是有限交换群,$|G|=p^\alpha$,我们可以分析出 G 所有可能的类型.

例 3.22 分析 48 阶交换群.

解: $48=2^4 \times 3$,不变因子组为 $\{48\}$, $\{2, 24\}$, $\{4, 12\}$, $\{2, 2, 12\}$, $\{2, 2, 2, 6\}$,由此 48 阶交换群有 5 种类型:C_{48}, $C_2 \times C_{24}$, $C_4 \times C_{12}$, $C_2 \times C_2 \times C_{12}$, $C_2 \times C_2 \times C_2 \times C_6$.

3.8 置换群

例 3.23 设 $\sigma = \begin{pmatrix} 1 & 2 & 3 & 4 & 5 & 6 \\ 6 & 4 & 5 & 2 & 1 & 3 \end{pmatrix}$, $\tau = \begin{pmatrix} 1 & 2 & 3 & 4 & 5 & 6 \\ 5 & 6 & 4 & 2 & 3 & 1 \end{pmatrix}$,计算 $\sigma\tau$, $\tau\sigma$, σ^{-1}.

解：

$$\sigma\tau=\begin{pmatrix}1&2&3&4&5&6\\6&4&5&2&1&3\end{pmatrix}\begin{pmatrix}1&2&3&4&5&6\\5&6&4&2&3&1\end{pmatrix}$$

$$=\begin{pmatrix}1&2&3&4&5&6\\1&3&2&4&5&6\end{pmatrix}$$

$$\tau\sigma=\begin{pmatrix}1&2&3&4&5&6\\5&6&4&2&3&1\end{pmatrix}\begin{pmatrix}1&2&3&4&5&6\\6&4&5&2&1&3\end{pmatrix}$$

$$=\begin{pmatrix}1&2&3&4&5&6\\1&2&3&6&5&4\end{pmatrix}$$

$$\sigma^{-1}=\begin{pmatrix}1&2&3&4&5&6\\5&4&6&2&3&1\end{pmatrix}$$

定理 3.19　设 A 是一个非空集合，A 上所有可逆变换构成的群称为 A 上的**对称群**，此群的任何子群都称 A 上的**变换群**.当 $|A|=n$，A 上的对称群称为 n 次对称群，记作 S_n，S_n 的任何子群称作**置换群**.S_n 的阶是 $n!$.

定义 3.19　设 r 是一个 n 次置换，满足

(1) $r(a_1)=a_2$，$r(a_2)=a_3$，…，$r(a_l)=a_1$，

(2) $r(a)=a$，当 $a\neq a_i(i=1, 2, \cdots, l)$，

则称 r 是一个长度为 l 的**轮换**(cycle)，并记作 $r=(a_1, a_2, \cdots, a_l)$. 长度为 2 的轮换为**对换**(transposition).

例 3.24

$$f=\begin{pmatrix}1&2&3&4&5&6\\3&2&4&5&1&6\end{pmatrix}=(1\ 3\ 4\ 5)$$

是一个长度为 4 的轮换.

$$\tau=\begin{pmatrix}1&2&3&4&5&6\\1&5&3&4&2&6\end{pmatrix}=(2\ 5)$$

是一个对换.

$$f\tau=(1\ 3\ 4\ 5)(2\ 5)=(2\ 1\ 3\ 4\ 5)$$

轮换是一种特殊的置换，轮换若干元素依次交换顺序(轮着圈进行交换).置换可以表示为若干轮换的复合.

定理 3.20　设 σ 是一个 n 次置换，则

(1) σ 可以分解为不相交的轮换之积：

$$\sigma=r_1r_2\cdots r_k$$

若不计因子次序，此分解式是唯一的.不相交是指任何两个轮换中没有相同元素.

(2) $o(\sigma)=[l_1, l_2, \cdots, l_k]$,即$(l_1, \cdots, l_k)$的最小公倍数.其中,$l_i$ 是 r_i 的长度.

例 3.25

$$\sigma=\begin{pmatrix}1 & 2 & 3 & 4 & 5 & 6 & 7\\ 3 & 7 & 5 & 2 & 1 & 6 & 4\end{pmatrix}$$

$$\sigma=(1\ 3\ 5)(2\ 7\ 4)(6)$$

其中,6 为 σ 的不动点,所以 σ 可以表示为

$$\sigma=(1\ 3\ 5)(2\ 7\ 4)$$

对换是一种特殊的轮换,即两个元素交换位置,置换也可以表示为若干对换的复合.

定理 3.21 设 σ 是一个 n 次置换,则 σ 可以分解为对换之积:

$$\sigma=\pi_1\pi_2\cdots\pi_s$$

其中,$\pi_i(i=1, 2, \cdots, s)$是对换,对换的个数 s 的奇偶性由 σ 唯一确定,与分解方法无关.

证明: 任意一个轮换显然可以表示为如下对换:

$$(i_1, i_2, \cdots, i_l)=(i_1, i_l)(i_1, i_{l-1})\cdots(i_1, i_2)$$

设 σ 有唯一的轮换分解式,定义 $N(\sigma)=\sum_{i=1}^{k}(l_i-1)$,可以证明 $N(\sigma)$的奇偶性与 s 的奇偶性相同.

设(a, b)为任意对换,当 a 和 b 在 σ 的不同轮换中,有 $N[(a, b)\sigma]=N(\sigma)+1$.当 a 和 b 在 σ 的同一轮换中时,$N[(a, b)\sigma]=N(\sigma)-1$. 因此任何情况下都有 $N[(a, b)\sigma]\equiv N(\sigma)+1(\bmod 2)$.

因为 $\pi_s\cdots\pi_2\pi_1\sigma=\sigma^{-1}\sigma=(1)$,所以 $N(\pi_s\cdots\pi_2\pi_1\sigma)\equiv N(\sigma)+s\equiv 0(\bmod 2)$,即 $N(\sigma)\equiv s(\bmod 2)$.

置换奇偶性是置换的一种性质,我们可以通过这种性质来刻画置换.

命题 3.22 设 σ 是一个 n 次置换,如果 σ 可以分解为偶数个对换之积,则 σ 是**偶置换**;如果 σ 可以分解为奇数个对换之积,则 σ 是**奇置换**.

定理 3.22 定义 A_n 为全体 n 阶偶置换的集合.A_n 对置换的复合(乘积)构成群,其阶为 $n!/2$.

证明: 因为奇置换和偶置换的乘积是奇置换,所以 n 次奇置换全体组成的集合可以表示为 $\tau A_n=\{\tau\sigma \mid \sigma\in A_n\}$,其中 τ 是任意给定的奇置换,因此,取定一个奇置换 τ,有 $S_n=A_n\cup\tau A_n$, $|S_n|=|A_n|+|\tau A_n|=2|A_n|$,故 $|A_n|=n!/2$.

图 3-1 魔方群

魔方群(Rubik)如图 3-1 所示,是由所有旋转魔方操作构成的群.旋转魔方操作都可以看作一种置换,因此魔方群是一种置换群.

魔方有 6 个面，分别命名为前(front)、右(right)、下(down)、上(up)、左(left)、后(back)，如图 3－2 的阴影部分所示.定义 F 变换为前面按照法线向外逆时针旋转 90 度.同理，R 变换为右面按照法线向外逆时针旋转 90 度.其余 4 个变换以此类推.显然顺时针旋转 90 度与 3 次逆时针旋转 90 度是等价的.于是，所有的魔方变换都可以用 $\{F, R, D, U, L, B\}$ 这 6 个变换复合而成，称为魔方群的 6 个基本变换，如图 3－2 所示.

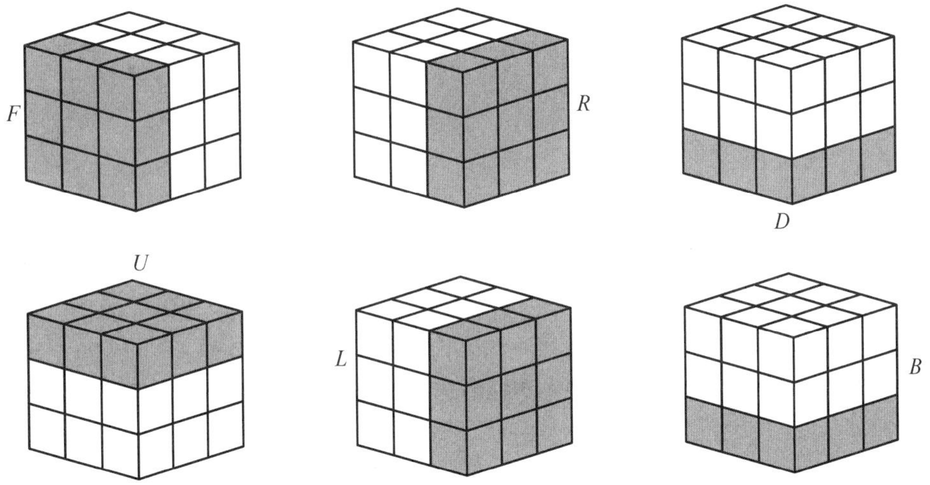

图 3－2　魔方群的 6 个基本变换

命题 3.23　Rubik 表示所有在魔方上做的变换(置换)，“·”表示运算的复合. $\text{Rubik}=(\{F, R, D, U, L, B\}, \cdot)$ 构成群.

命题 3.24

$$|\text{Rubik}|=\frac{8!\cdot 3^8\cdot 12!\cdot 2^{12}}{3\cdot 2\cdot 2}$$

从生成元集的角度，我们可以用几个旋转魔方的基本变换来定义魔方群，这几个基本操作也是魔方群的**生成元集**.

命题 3.25　$\text{Rubik}=\langle F, D, U, R, L, B\rangle$.

例 3.26　F 变换连续执行 4 次之后，魔方不会发生变化，相当于执行恒等变换.于是 $o(F)=4$.

例 3.27　$UULL$ 表示 4 个变换的复合，对魔方执行 L 变换，然后再执行 L 变换，之后执行 U 变换，最后执行 U 变换.可以验证：$o(UULL)=6$.也可以验证：$o(LLRR)=8$.

我们用小写的字母来代表魔方的每个小块.1 个小写字母表示中心块，如 f 表示正面的中心块.2 个小写字母表示边块，如 fu 表示正面和上面交界处的边块.3 个小写字母表示角块，如 fur 表示正面和上面交界处的角块，如图 3－3 所示，阴影部分为一个角块.

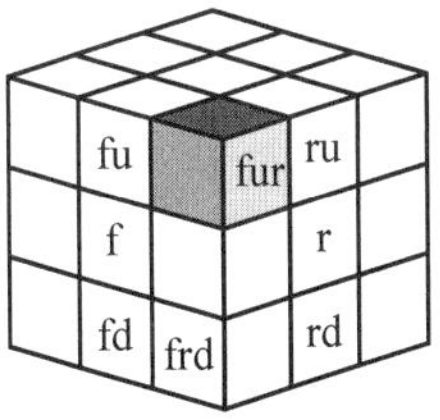

图 3－3　魔方的角块、边块、中心块

例 3.28 魔方的置换(不考虑扭转)表示为

F:(fru, frd, fld, flu)(fr, fd, fl, fu)

B:(bru, blu, bld, brd)(br, bu, bl, bd)

R:(fru, bru, brd, frd)(fr, ru, br, rd)

L:(flu, fld, bld, blu)(fl, ld, bl, lu)

U:(fru, flu, blu, bru)(fu, lu, bu, ru)

D:(frd, brd, bld, fld)(fd, rd, bd, ld)

观察这个轮换表示,边块和角块的轮换是不相交的.这也符合我们的基本常识,边块是不可能变换到角块位置的.

命题 3.26 Rubik 都是偶置换.

例 3.29 $F=$(fl fu fr fd)(ful fur fdr fdl) = (fl fd)(fl fr)(fl fl)(ful fdl)(ful fdr)(ful fur)

本书不打算深入研究魔方群,只是从抽象代数的角度简要叙述一下魔方的恢复. 一般恢复魔方分为 3 个步骤: 恢复第一层,恢复第二层,恢复第三层.魔方群恢复每层的变换又可以分为 2 个步骤: 恢复边块和恢复角块.我们从魔方群的角度描述这 2 个最简单的步骤.

例 3.30 恢复边块:

(1) 恢复边块的位置,这一步比较容易,观察一下就可以实现,不过可能会出现边块扭转的情况,需要执行第(2)步.

(2) 恢复边块的扭转状态,把需要改变扭转状态的边块放到 fr 的位置,利用复合变换 $U^{-1}F^{-1}UR^{-1}$,执行几次该复合变换就能恢复边块的扭转状态.

例 3.31 恢复角块:

(1) 恢复角块的位置,这一步也比较容易,观察一下就可以实现,不过可能会出现角块扭转的情况,需要执行第(2)步.

(2) 恢复角块的扭转状态,把需要改变扭转状态的角块放到 frd 的位置,利用复合变换 $DRD^{-1}R^{-1}$,执行几次该复合变换就能恢复角块的扭转状态.

我们还可以根据置换表示为对应轮换之后的轮换长度,来对置换进行分类.

定义 3.20 一个 n 次置换 σ,如果 σ 的轮换分解式是由 λ_1 个 1 轮换,λ_2 个 2 轮换,…,λ_n 个 n 轮换组成,则称 σ 是一个 $1^{\lambda_1}2^{\lambda_2}\cdots n^{\lambda_n}$ 型置换,其中,$1\lambda_1+2\lambda_2+\cdots+n\lambda_n=n$. 例如,$S_5$ 中,(1 2 3)是 $1^2 3^1$ 型置换,(1 2 3 4 5)是 5^1 型置换,(1 2)(3 4)是 $1^1 2^2$ 型置换.

在 S_n 中,$1^{\lambda_1}2^{\lambda_2}\cdots n^{\lambda_n}$ 型置换的个数为

$$\frac{n!}{1^{\lambda_1}2^{\lambda_2}\cdots n^{\lambda_n}\lambda_1!\lambda_2!\cdots\lambda_n!}$$

命题 3.27 $S_n=\langle(1\ 2),(1\ 3),\cdots,(1\ n)\rangle$,这表明了 S_n 的一种生成元集.

证明： 显然，$\langle(1\ 2), (1\ 3), \cdots, (1\ n)\rangle \subseteq S_n$. 接着只需证明 $\forall \sigma \in S_n$，σ 都可以表示为某些$(1\ i)$的乘积，其中 $2 \leqslant i < n$.

最后，凯莱(Cayley)给出了置换群与有限群的重要关系.

定理 3.23(凯莱定理)　任何一个群同构于一个变换群，任何一个有限群同构于一个置换群.

证明： 首先构造变换群 G'，然后证明 $G \cong G'$. 置换群与变换群类似. 任取 $a \in G$，定义 G 上的一个变换 f_a 如下：

$$f_a(x) = ax, \ \forall x \in G$$

f_a 显然是映射.可以证明 f_a 是一个可逆变换，因为 $f_a(x_1) = f_a(x_2) \Rightarrow ax_1 = ax_2 \Rightarrow x_1 = x_2$，所以 f_a 是单射. $\forall b \in G$，取 $x_0 = a^{-1}b$，则 $f_a(x_0) = ax_0 = b$，因此 f_a 也是满射.故 f_a 是可逆变换.

令
$$G' = \{f_a \mid a \in G; f_a(x) = ax, \ \forall x \in G\}$$

可以证明 G' 对映射的复合构成群：$\forall f_a, f_b \in G'$，$f_a f_b(x) = abx = f_{ab}(x)$，故 $f_a f_b = f_{ab}$，封闭性成立.单位元为 f_e，逆元 $f_a^{-1} = f_{a^{-1}}$.故 G' 是变换群.

作映射 π：$a \to f_a(G \to G')$.因为 $\pi(a) = \pi(b) \Rightarrow f_a = f_b \Rightarrow ax = bx \Rightarrow a = b$，所以 π 是单射，显然也是满射.

$$\forall a, b \in G, \ \pi(ab) = f_{ab} = f_a f_b = \pi(a)\pi(b)$$

故 π 是 G 到 G' 的同构，$G \cong G'$.

为了更好地理解凯莱定理，以克莱因四元群为例，我们来找一下与之同构的置换群.

例 3.32　克莱因四元群 $K = \{e, a, b, c\}$，找出一个置换群与 K 同构.

解： 使用凯莱定理，置换群 $G' = \{f_g \mid g \in K, \ f_g(x) = gx\}$ 与 K 是同构的，G' 的元素如下：

$$f_e = \begin{pmatrix} e & a & b & c \\ e & a & b & c \end{pmatrix} = (1)$$

$$f_a = \begin{pmatrix} e & a & b & c \\ a & e & c & b \end{pmatrix} = (e\ a)(b\ c)$$

$$f_b = \begin{pmatrix} e & a & b & c \\ b & c & e & a \end{pmatrix} = (e\ b)(a\ c)$$

$$f_c = \begin{pmatrix} e & a & b & c \\ c & b & a & e \end{pmatrix} = (e\ c)(a\ b)$$

如果用$\{1, 2, 3, 4\}$代替 $\{e, a, b, c\}$，则

$$K \cong \{(1), (1\ 2)(3\ 4), (1\ 3)(2\ 4), (1\ 4)(2\ 3)\}$$

第4章

环 和 域

群是定义了一个运算的代数结构,那么是否有定义两个运算的代数结构?环(ring)和域(field)就是定义了两个运算的代数结构.

4.1 环的定义

定义 4.1 设 R 是一个非空集合,在 R 中定义两种运算,一种称为加法,记作"+",另一种称为乘法,记作"·",满足:

(1) $(R, +)$ 是一个交换群;

(2) $(R, \cdot)$ 是一个半群(即满足结合律);

(3) 左右**分配律**成立,即 $\forall a, b, c \in R$,有

$$a(b+c)=ab+ac, \ (a+b)c=ac+bc$$

则称代数系统 $(R, +, \cdot)$ 是一个**环**.

(4) 如果环 R 对乘法是可交换的,则 R 是**交换环**;

(5) 如果存在一个元素 1_R,对于任意的 $a \in R$ 有 $a1_R=1_R a=a$,则称 R 有单位元,单位元为 1_R,简记为 1.

一般我们都假定环中至少有 2 个元素 0_R, 1_R,即加法的单位元和乘法的单位元.

例 4.1 整数集合 $\mathbb{Z}$ 对普通的加法构成群,且是交换群,对普通乘法是半群,也可交换,并且加法和乘法适合分配律,所以 $(\mathbb{Z}, +, \cdot)$ 是环,且是交换环.同理可得,$\mathbb{Q}$、$\mathbb{R}$、$\mathbb{C}$ 都对+和·构成环.

例 4.2 设

$$\mathbb{Z}[\mathrm{i}]=\{a+b\mathrm{i} \mid a, b \in \mathbb{Z}, \ \mathrm{i}=\sqrt{-1}\}$$

$\mathbb{Z}[\mathrm{i}]$ 对复数的加法和复数的乘法构成环,称为**高斯整数环**.

例 4.3 设

$$Z_n=\{\bar{0}, \bar{1}, \bar{2}, \cdots, \overline{n-1}\}$$

是整数模 n 的同余类集合，在 Z_n 中定义加法和乘法分别为模 n 的加法和乘法：

$$\bar{a}+\bar{b}=\overline{a+b},\ \bar{a}\cdot\bar{b}=\overline{ab}$$

已知$(Z_n, +)$是群，$(Z_n, \cdot)$是半群，考察分配律：

$$\bar{a}(\bar{b}+\bar{c})=\bar{a}(\overline{b+c})=\overline{a(b+c)}=\overline{ab+ac}=\overline{ab}+\overline{ac}$$

类似地，有 $(\bar{a}+\bar{b})\bar{c}=\overline{ab}+\overline{ac}$，故$(Z_n, +, \cdot)$ 是环，称为**模整数 n 的同余类环**.

例 4.4　设

$$M_n(\mathbb{Z})=\{(a_{ij})\mid a_{ij}\in\mathbb{Z}\}$$

是整数 $\mathbb{Z}$ 上所有 n 阶方阵的集合，$M_n(\mathbb{Z})$ 对矩阵的加法是交换群，对矩阵的乘法是半群，分配律也成立，故 $M_n(\mathbb{Z})$ 是环，称为整数上的全矩阵环.

例 4.5　设 G 是一加群，$E(G)$是 G 上全体自同态的集合，在 $E(G)$中定义加法($\oplus$)和乘法($\cdot$)如下：$\forall f, g\in E(G)$，有

$$(f\oplus g)(x)=f(x)+g(x),\ \forall x\in G$$
$$(f\cdot g)(x)=f(g(x)),\ \forall x\in G$$

可见，$(E(G), \oplus)$ 是交换群，$(E(G), \cdot)$ 是半群，可以验证分配律：$\forall f, g, h\in E(G)$，有

$$f\cdot(g\oplus h)=f\cdot g\oplus f\cdot h$$

类似地，右分配律也成立.故 $(E(G), \oplus, \cdot)$ 是环，此环为加群 G 上的**自同态环**.

群中只有 1 个运算，我们将这个运算称为加法，也可以称为乘法.环中有 2 个运算，由于单位元和逆元的定义是与运算相关的，因此我们要为环中的一些特殊元素定义一个明确的名字.

定义 4.2　$(R, +, \cdot)$ 是一个环，加群 $(R, +)$ 中的单位元通常记作 0，称为**零元**. 元素 a 在加群中的逆元记作$-a$，称为**负元**.环中的**单位元**指乘法半群$(R, \cdot)$中的单位元，记作 1.一个元素 a 的逆元是指在乘法半群中的逆元，记作 a^{-1}.

负元可以在 R 中定义减法：

$$a-b=a+(-b)$$

命题 4.1(零元性质)

$$0\cdot a=a\cdot 0=0,\ \forall a\in R$$

零乘任何数都为零，这是我们在小学就熟悉的性质，一般小学是用生活中的例子来解释的.从抽象代数的角度来看，零乘任何数都为零是由环定义得出的一种基本性质.这是因为，由零元的定义，$0\cdot a=(0+0)\cdot a$，由分配律可得 $0\cdot a=0\cdot a+0\cdot a$，两边同时加上 $0\cdot$

a 的加法逆元可得 $0 \cdot a = 0$.

命题 4.2(负元的性质)

$$(-a)b = a(-b) = -ab, \ (-a)(-b) = ab, \ \forall a, b \in R$$

定义 4.3 元素的倍数(数乘)和幂定义为

$$na = \underbrace{a + a + \cdots + a}_{n}, \ a^n = \underbrace{a \cdot a \cdot \cdots \cdot a}_{n}$$

$$\left(\sum_{i=1}^{n} a_i\right)\left(\sum_{j=1}^{m} b_i\right) = \sum_{i=1}^{n}\sum_{j=1}^{m} a_i b_j$$

元素的倍数和幂的定义都是多次进行加法和乘法的简化记法.高中所学的二项式定理也可以定义在环上.

定理 4.1 设 R 是有单位元的环，$\forall a, b \in R$，$ab = ba$，则

$$(a+b)^n = \sum_{k=0}^{n} \frac{n!}{k!(n-k)!} a^k b^{n-k}$$

$$(a_1 + \cdots + a_r)^n = \sum_{i_1 + \cdots + i_r = n} \frac{n!}{i_1! \cdots i_r!} a_1^{i_1} \cdots a_r^{i_r}$$

我们熟知的整数、有理数和实数都是环,定义在整数、有理数和实数上的多项式也可以构成环,称为多项式环.多项式环是常用的环,在伪随机数发生器、检错码、纠错码等领域有广泛应用.

例 4.6 设

$$Z[x] = \{a_0 + a_1 x + a_2 x^2 + \cdots + a_n x^n \mid a_i \in \mathbb{Z}, n \geq 0\}$$

是整数环上的全体多项式集合，$Z[x]$ 对多项式的加法和多项式的乘法构成环，称为**整数环上的多项式环**.

例 4.7 $Q[x]$, $R[x]$, $C[x]$ 也是多项式环.

常用的解一元二次方程的技巧是把方程左边分解为两个因式的乘积.因为两个因式的乘积为零,所以两个因式都可能为零.这个解方程的技巧是在实数域上工作的,在环上会有问题,这是因为环上可能有零因子.

定义 4.4(零因子) 设 A 是一个环，$a, b \in A$,若 $ab = 0$ 且 $a \neq 0$, $b \neq 0$，则称 a 为**左零因子**(left zero divisor),b 为**右零因子**(right zero divisor),若一个元素既是左零因子又是右零因子,则称为**零因子**.

例 4.8 在 $M_2(Z)$ 中，

$$\boldsymbol{A} = \begin{bmatrix} 1 & 0 \\ 0 & 0 \end{bmatrix} \neq 0, \ \boldsymbol{B} = \begin{bmatrix} 0 & 0 \\ 1 & 1 \end{bmatrix} \neq 0$$

$\boldsymbol{AB} = 0$,则 $\boldsymbol{A}$ 是左零因子，$\boldsymbol{B}$ 是右零因子.

设

$$\boldsymbol{B}_a = \begin{bmatrix} 0 & 1 \\ 0 & 1 \end{bmatrix}$$

则 $\boldsymbol{B}_a\boldsymbol{A} = 0$,故 $\boldsymbol{A}$ 也是右零因子.

例 4.9　$Z/6Z = \{\bar{0}, \bar{1}, \bar{2}, \bar{3}, \bar{4}, \bar{5}\}$ 是有零因子的环,因为 $\bar{2} \cdot \bar{3} = 0$.

命题 4.3　环中无左(右)零因子的充要条件是乘法消去律成立,即

$$a \neq 0,\ ab = ac \Rightarrow b = c$$

$$a \neq 0,\ ba = ca \Rightarrow b = c$$

证明:(必要性)设 $a \neq 0$, $ab = ac$,则有 $a(b-c) = 0$,因为 $a \neq 0$ 且环中无左零因子,所以 $b - c = 0$,即 $b = c$. 类似可以证明右消去律也成立.

(充分性)设 $ab = 0$,若 $a \neq 0$,则对 $ab = a0$ 施行消去律得 $b = 0$, 因而不存在 $a \neq 0$ 和 $b \neq 0$ 使 $ab = 0$, 即环中无零因子.

"如果 $ab = 0$,那么 $a = 0$ 或者 $b = 0$." 这是我们常用的求解方程的方法.如果零因子存在,这样的方法就不能再用了.整环和域就是没有零因子的代数结构.

定义 4.5　设 R 是有单位元的环, $ab = 1$, 则 a 是 b 的**左逆元**,b 是 a 的**右逆元**. 如果 a 同时为左逆元和右逆元,则称 a 是**逆元**.

定义 4.6　设$(R, +, \cdot)$是环,如果 R 是交换环,R 中有单位元,没有零因子,则称 R 是**整环**(domain).

定义 4.7　设$(R, +, \cdot)$是交换环,如果① R 中至少有两个元素 0 和 1,② $R^* = R\backslash\{0\}$ 对乘法构成群,则称 R 是**域**(field).

例 4.10　Q,R,C 都是域,多项式环 $Z[x]$, $Q[x]$, $R[x]$, $C[x]$ 都是整环. 当 n 不是素数时,Z_n 有零因子,故不是整环;当 n 是素数时,Z_n 是域.

命题 4.4　有限整环是域.

证明:设$(D, +, \cdot)$是有限整环, $D \neq \{0\}$, $|D| < \infty$,则 $D^* \neq \varnothing$, $(D^*, \cdot)$ 是有限半群. 因为 D 中没有零因子,所以乘法消去律成立.

已知有限半群是群的充要条件是消去律成立,故$(D^*, \cdot)$是群.

综上所述,$(D, +, \cdot)$是域.

有限域在密码学和计算机科学中有比较广泛的用途,最简单的有限域就是 $\mathbb{Z}_p$.

命题 4.5　$(\mathbb{Z}_n, +, \cdot)$ 是域的充要条件是 n 是素数.

证明:(必要性)使用反证法,若 n 不是素数,设 $n = n_1 n_2$, $n_1 \neq 1$, $n_2 \neq 1$,则有$\overline{n_1} \cdot \overline{n_2} = \bar{0}$,且$\overline{n_1} \neq \bar{0}$, $\overline{n_2} \neq \bar{0}$.故$\overline{n_1}$, $\overline{n_2}$ 是零因子,与 $\mathbb{Z}_n$ 是域矛盾.

(充分性)设 n 是素数,则 $\mathbb{Z}_n \neq \{0\}$, 对任意的 $\bar{k} \in \mathbb{Z}_n^*$,由于$(k, n) = 1$,存在 a, $b \in \mathbb{Z}$,使得 $ak + bn = 1$.于是得 $\bar{a} \cdot \bar{k} = \bar{1}$,故$\bar{k}^{-1} = \bar{a}$, 即对任何 $\bar{k}$ 都有逆元, 因此 $\mathbb{Z}_n^*$ 对乘法是群,$\mathbb{Z}_n$ 是域.

4.2 环的同态

定义 4.8 设 R 和 R' 是两个环，若有一个 R 到 R' 的映射 f 满足 $\forall a, b \in R$，有

$$f(a+b)=f(a)+f(b)$$

$$f(ab)=f(a)f(b)$$

则称 f 是 R 到 R' 的**同态**.如果 f 是单射，则称 f 是**单同态**.如果 f 是满射，则称 f 是**满同态**. 如果 f 是一一映射，则称 f 是**同构**.有时我们也要求 $f(1_R)=1_{R'}$.

定义 4.9 设 R 和 R' 是两个环，若存在一个 R 到 R' 的同构映射 f，则称 R 和 R' **同构**.

例 4.11 确定$(Z, +, \cdot)$中的所有自同态和自同构.

解： 设 f 是$(Z, +, \cdot)$上的任意自同态，令 $f(1)=m$，则 $f(x)=mx$. 对于乘法，$f(1)=f(1\cdot 1)=f(1)\cdot f(1)$，故 $m=m^2$，$m=0, 1$，于是全体自同态只有两个：

$$f_0(x)=0, \ \forall x \in Z$$

$$f_1(x)=x, \ \forall x \in Z$$

分别是零同态和单位同态(同构).

定义 4.10(环的特征) 设 R 是一个环，如果存在一个最小正整数 n 使得 $\forall a \in R$，都有 $na=0$，则称 R 的**特征**为 n；如果这样的正整数不存在，则其特征为 0.

定理 4.2 如果域 F 的特征不为零，则其特征为素数.

证明： 设域 F 的特征为 n，n 不是素数，则存在整数 $1<p<n$，$1<q<n$，使 $n=pq$，从而 $p1\cdot q1=pq1=n1=0$. 因为 F 无零因子，所以 $p1=0$ 或者 $q1=0$，这与 n 的最小性矛盾，所以得证.

定理 4.3 R 是一个有单位元的交换环，R 的特征为 p，则 $\forall a, b \in R$，

$$(a+b)^p=a^p+b^p$$

定理 4.4 p 是素数，设 $f(x)=a_n x^n+a_{n-1}x^{n-1}+\cdots+a_1 x+a_0$ 是整系数多项式，则

$$f(x)^p \equiv f(x^p) \bmod p$$

4.3 分式域

整数不是域，有理数是域.虽然整数不是域，然而有理数可以表示为两个整数的分式形式.应用这个思想，我们可以从环来构造域.

例 4.12　设 D 是一个整环，$E=D\times D^*$，在 E 上定义关系 R，如果 $ad=bc$，则 $(a, b)R(b, c)$. 显然，R 是 E 上的满足如下性质的等价关系.

(1) 自反：$\forall(a, b)\in E$，有 $(a, b)R(a, b)$.

(2) 对称：如果 $(a, b)R(c, d)$，有 $(c, d)R(a, b)$.

(3) 传递：如果 $(a, b)R(c, d)$，$(c, d)R(e, f)$，有 $(a, b)R(e, f)$.

记 $\dfrac{a}{b}=C_{(a, b)}=\{(e, f)\mid(e, f)\in E, (a, b)R(e, f)\}$，为 (a, b) 的等价类，则 E/R 为 E 被 R 划分形成的商集.

例 4.13　在 E/R 上定义运算：

$$\frac{a}{b}+\frac{c}{d}=\frac{ad+bc}{bd}$$

$$\frac{a}{b}\cdot\frac{c}{d}=\frac{ac}{bd}$$

定理 4.5　设 D 是一个整环，则 P 可以表示为

$$P=\left\{\frac{b}{a}\mid a, b\in D, a\neq 0\right\}$$

称 P 为 D 的**分式域**，常记作 $P(D)$.

证明：由分式的定义，可得如下运算性质：

$$\frac{b_1}{a_1}=\frac{b_2}{a_2}\Leftrightarrow a_1b_2=a_2b_1$$

$$\frac{b_1}{a_1}+\frac{b_2}{a_2}=\frac{a_1b_2+a_2b_1}{a_1a_2}\in P,\ \frac{b_1}{a_1}\cdot\frac{b_2}{a_2}=\frac{b_1b_2}{a_1a_2}\in P$$

$$0=\frac{0}{a},\ -\frac{b}{a}=\frac{-b}{a}\in P$$

$\forall a, b\in D^*$，$\dfrac{a}{a}=\dfrac{b}{b}$，可令 $e=\dfrac{a}{a}(a\neq 0)$，则 $\forall\ \dfrac{y}{x}\in P$，有 $e\cdot\dfrac{y}{x}=\dfrac{ay}{ax}=\dfrac{y}{x}$，故 e 是单位元. $\forall a, b\in D^*$，$\dfrac{b}{a}\cdot\dfrac{a}{b}=\dfrac{ab}{ab}=e$，故 $\left(\dfrac{b}{a}\right)^{-1}=\dfrac{a}{b}$，即对乘法构成群(加法是交换群，分配律成立)，因此 P 是域.

例 4.14　定义 $D\to P$ 的映射 f：$f(a)=\dfrac{a}{1}$，可以证明 f 是单同态.该同态将 D 中的元素嵌入 P 中.

有时我们把这样的元素 $\dfrac{a}{1}$ 当作 D 中的元素，即 D 是 P 的子集.

例 4.15　设 D 是一个整环，P 是包含 D 的最小域.

证明: 可以把 D 当作 P 的子集.如果一个域 F 包含 D,则所有 $\frac{a}{b}$ $(a, b \in D)$ 都包含在 F 中,即 $P \subseteq F$.

例 4.16　设 D 是一个整环,P 是包含 D 的最小域,对于 D 中任何一个非零元 a,在 P 中有逆元 a^{-1}.因此 $\forall b \in D$,有 $a^{-1}b \in P$,记作

$$\frac{b}{a} = a^{-1}b \ (a \neq 0)$$

形如上式的元素都在 P 中,P 可以理解为由 D 中的元素和 D 中元素的逆元构成的域.

例 4.17　$(Z, +, \cdot)$的分式域是$(Q, +, \cdot)$.$(Q, +, \cdot)$也是最小的包含$(Z, +, \cdot)$的域.

例 4.18　设 F 是一个数域, $F[x] = \{a_0 + a_1x + a_2x^2 + \cdots + a_nx^n \mid a_i \in F, n \geqslant 0, n \in Z\}$,求 $F[x]$ 的分式域.

解: $F[x]$的分式域可以表示为

$$P(F[x]) = \left\{\frac{f(x)}{g(x)} \mid f(x), g(x) \in F[x], g(x) \neq 0\right\}$$

4.4　子环和理想

群中有子群,类似地,环中也有子环(subring),还有特殊的子环: 理想(ideal).

定义 4.11　设$(R, +, \cdot)$是一个环,S 是 R 的一个非空子集,若 S 对 $+$ 和 $\cdot$ 也构成一个环, 则称 S 是 R 的一个**子环**,R 是 S 的一个**扩环**(代数扩张的概念).

显然,子环有如下性质.

(1) $\{0\}$和 R 本身也是 R 的子环.

(2) 设 S 是 R 的非空子集,则 S 是 R 的子环的充要条件是 $\forall a, b \in S$,有 $a - b \in S$ 和 $ab \in S$.

(3) S_1 和 S_2 是 R 的子环,则 $S_1 \cap S_2$ 也是子环.

定义 4.12　设$(R, +, \cdot)$是一个环,I 是一个子环,对 $\forall a \in I$ 和 $\forall r \in R$,若满足 $ra \in I$,则称 I 是 R 的一个**左理想**; 若满足 $ar \in I$,则称 I 是 R 的一个**右理想**;若 I 同时为左理想和右理想,则称 I 是 R 的一个**理想**.

例 4.19　$\{0\}$和 R 本身也是 R 的理想,称为平凡理想.

下面的定理给出了理想的性质,这些性质也常常被用作判定一个子集是不是理想. 计算机科学和密码学使用的多是交换环,为了讲述方便不区分左右理想.

定理 4.6　设$(R, +, \cdot)$是一个环,I 是左(右)理想的充要条件是

(1) $\forall a, b \in I$,有 $a-b \in I$;

(2) $\forall a \in I, \forall r \in R$,有 $ra \in I(ar \in I)$.

例 4.20　如果环 R 有单位元,I 是理想,则 $1 \in I \Rightarrow I = R$.

例 4.21　如果 I, J 都是环 R 的理想,则 $I+J, I \cap J$ 都是 R 的理想.

例 4.22　设 S, T 是环 R 的两个非空子集,定义:

$$S+T=\{x+y \mid x \in S, y \in T\}$$
$$ST=\{\sum xy \mid x \in S, y \in T\}$$

当 $S=\{a\}$ 时,$ST=aT$.ST 中的和式表示所有可能的和.

定义 4.13　设 R 是环,S 是 R 的一个非空子集,则包含 S 的最小子环称为由 S 生成的子环,记作$[S]$.包含 S 的最小理想称为由 S 生成的理想,记作(S)或者$\langle S\rangle$.$\{A_i\}$是包含 S 的所有理想,则 $(S)=\bigcap (A_i)$.

由一个元素生成的理想(a)称为**主理想**(principal ideal).如果 R 的所有理想都是主理想,则称 R 是**主理想环**.

定理 4.7　当 $S=\{a\}$ 时,由 S 生成的理想可以表示为

$$(a)=\left\{\sum r_i a s_i + ra + ar' + na \mid r_i, s_i, r, r' \in R, n \in \mathbb{Z}\right\}$$

当 R 是单位元的交换环时,(a)可以简化为

$$(a)=\{xa \mid x \in R\}=aR$$

为了更好地理解生成理想,举例如下.

例 4.23　$(\mathbb{Z}, +, \cdot)$ 中整数 m 的生成理想是

$$(m)=\{km \mid k \in \mathbb{Z}\}=m\mathbb{Z}$$

由循环群的性质可知,$(\mathbb{Z}, +, \cdot)$ 中的全部理想为 (m), $m=0, 1, 2, \cdots$. 在 $(F[x], +, \cdot)$ 中元素 x 的生成理想为

$$\begin{aligned}(x)&=\{xf(x) \mid f(x) \in F[x]\}\\&=\{a_1x+a_2x^2+\cdots+a_nx^n \mid a_i \in F, n \in \mathbb{Z}^+\}\end{aligned}$$

例 4.24　$(\mathbb{Z}, +, \cdot)$ 是主理想环.

证明: 设 I 是$\mathbb{Z}$中的非零理想.当 $a \in I$ 时,有 $0a=0 \in I$, $a-a=0 \in I$, $-a \in I$,因此 I 中有正整数.整数有良序性,设 d 是 I 中最小的正整数,则 $I=(d)$. 这是由于 $\forall a \in I$,存在整数 d,使得:

$$a=dq+r, 0 \leqslant r < d$$

因为 $a \in I$, $dq \in I$,所以 $r=a-dq \in I$.由 $r<d$ 以及 d 是 I 中最小的正整数,可得 $r=0$, $a=dq \in (d)$.从而有 $I \subset (d)$, 显然有 $(d) \subset I$,故 $I=(d)$.

例 4.25 $F[X]$是主理想环.

证明: 设 I 是 $F[X]$中的任一理想, $q(x) \in I$, $\deg(q(x))=d$ 是最小次多项式. 从而 $\forall g(x) \in I$,有 $g(x)=q(x)p(x)+r(x)$, $r(x) \in I$, 由 d 的最小性可得 $r(x)=0$. 得证.

例 4.26 $Z[X]$不是主理想环.考察理想$(2, x)$,可知理想$(2, x)$不可能由一个元素生成.

例 4.27 $Z[\sqrt{-5}]$ 不是主理想环.

证明: $Z[\sqrt{-5}]=\{a+b\sqrt{-5} \mid a, b \in Z\}$. 有单位元,可交换.考察理想 $(1+\sqrt{-5}, 5)$, 可知理想 $(1+\sqrt{-5}, 5)$ 不能由一个元素生成.得证.

环中只定义了两个运算,这两个运算都是环中元素的二元运算. 为了书写方便,这两个运算可以扩展到对集合进行运算,也可以对理想进行运算.

命题 4.6 设 $A_1, A_2, \cdots, A_n, B, C$ 是环 R 的理想,则

(1) $A_1+A_2+\cdots+A_n$ 和 $A_1A_2\cdots A_n$ 是理想;

(2) $(A+B)+C=A+(B+C)$;

(3) $(AB)C=ABC=A(BC)$;

(4) $B(A_1+A_2+\cdots+A_n)=BA_1+BA_2+\cdots+BA_n$.

例 4.28 整数环$(\mathbb{Z}, +, \cdot)$中的理想有素数生成的理想和整数环$(\mathbb{Z}, +, \cdot)$本身.

命题 4.7 $(R, +, \cdot)$是有单位元的交换环,R 中的理想仅有$\{0\}$和 R,则 R 是域.

例 4.29 R 为$\mathbb{Z}_n$(模 n 的整数环),其中 n 为素数或者合数,每个 R 的理想都是主理想.

4.5 商环

群中有了正规子群之后,可以定义商群.有了理想的定义之后,环中也可以类似地定义商环.

定义 4.14 设 R 是环,I 是 R 的一个理想,则 I 是加群$(R, +)$的正规子群,R 对 I 的加法商群为

$$R/I=\{a+I \mid a \in R\}$$

在 R/I 中定义加法为

$$(a+I)+(b+I)=(a+b)+I$$

定义乘法为

$$(a+I)\cdot(b+I)=(ab+I)$$

可以证明乘法是 R/I 中的二元运算：

$$a+I=a'+I,\ b+I=b'+I \Rightarrow a=a'+r_1,\ b=b'+r_2,\ r_1,\ r_2\in I$$

$$ab+I=(a'+r_1)(b'+r_2)+I=a'b'+r_1b'+a'r_2+r_1r_2+I=a'b'+I$$

定义 4.15 设 R 是环，I 是 R 的一个理想，R/I 中定义加法为

$$(a+I)+(b+I)=(a+b)+I$$

乘法为

$$(a+I)\cdot(b+I)=(ab+I)$$

可以验证，R/I 中结合律和分配律都成立，故 R/I 是环，此环为 R 关于 I 的**商环**.R 为交换环或有单位元时，R/I 也为交换环或有单位元.

定理 4.8 设 f 是 R 到 R' 的同态，则 f 的核 $\mathrm{Ker}(f)$ 是 R 的一个理想，反过来，如果 I 是 R 的理想，则映射

$$s: R\to R/I,\ r\to r+I$$

是核为 I 的同态，称为**自然同态**.$\mathrm{Ker}(f)$ 是 R 中被映射到 R' 的加法单位元（零元）的元素.

例 4.30 设 f 是 R 到 R' 的同态，则 f 的核 $\mathrm{Ker}(f)$ 是 $\{0\}$ 的充要条件为 f 是单射.

定理 4.9（第一同态定理） 设 f 是 R 到 R' 的同态，$I=\mathrm{Ker}(f)$，则存在唯一的 $R/\mathrm{Ker}(f)$ 到子环 $f(R)$ 的同构，$\overline{f}: r+I\to f(r)$ 使得 $f=i\cdot\overline{f}\cdot s$，其中，$s$ 是环 R 到商环 $R/\mathrm{Ker}(f)$ 的自然同态，$i: c\to c$ 是 $f(R)$ 到 R' 的恒等同态.

证明： $\overline{f}$ 唯一可能的定义是 $\overline{f}(a+I)=f(a)$. 可以验证 $\overline{f}$ 是一个映射，这是因为如果 $a+I=b+I$，则 $a-b\in I$，于是 $f(a-b)=0$，$f(a)=f(b)$. 由于 f 是环同态，可以得到 $\overline{f}$ 也是，而且是同构.

定理 4.10（第三同态定理） 设 I，J 是 R 的理想，$I\subseteq J$，则 J/I 是 R/I 的理想，并且 $R/J\cong(R/I)/(J/I)$.

证明： J/I 是 R/I 的理想.定义 $f: R/I\to R/J$ 为 $f(a+I)=a+J$，可以验证 f 是一个映射，这是因为如果 $a+I=b+I$，则 $a-b\in I\subseteq J$，于是 $a+J=b+J$. 可以证明 f 是环同态.

$$\mathrm{Ker}\,f=\{a+I \mid a+J=J\}=\{a+I \mid a\in J\}=J/I$$

$$\mathrm{Im}\,f=\{a+J \mid a\in R\}=R/J$$

由定理 4.9 可得结论.

环和商环中理想有对应关系.

例 4.31　设 R 可交换，I 是 R 的理想，R 中包含 I 的理想与 R/I 中的理想一一对应. J 是 R 中包含 I 的理想，则可知 J/I 是 R/I 的理想.

反过来，J 是 R 中包含 I 的子环，如果 J/I 是 R/I 的理想，则对于 $r \in R$，$x \in J$ 有 $(r+I)(x+I) \in J/I$. 于是 $\exists j \in J$，$rx-j \in I \subseteq J$，可得 $rx \in J$.

例 4.32　举例 $R=\mathbb{Z}$，$I=(15)$ 是 R 的理想. 包含 I 的理想为 (15)，(5)，(3)，R. R/I 中对应着 $15r+I$，$5r+I$，$3r+I$，$r+I$，即 $0+I$，$5r+I$，$3r+I$，R/I.

素理想和最大理想形成的商环有广泛用途，因此我们比较关心这两类理想形成的商环.

定义 4.16　R 是有单位元的交换环，P 是 R 的理想，$P \neq R$. 如果对任意理想 A，B，$AB \subset P$，有 $A \subset P$ 或者 $B \subset P$，则 P 称为**素理想**.

素理想的定义和素数整除关系有类似之处，故称为素理想.

定理 4.11(素理想的充要条件)　设 R 是有单位元的交换环，P 是 R 的理想，$P \neq R$，对任意 a，$b \in R$，当 $ab \in P$ 时，有 $a \in P$ 或者 $b \in P$ 的充要条件是 P 是素理想.

证明：(必要性)有理想 A，B，$AB \subset P$，有 $A \not\subset P$，则存在元素 $a \in A$，$a \notin P$. $\forall b \in B$，$ab \in AB \subset P$，$a \notin P$ 可得 $b \in P$，即 $B \subset P$，因此 P 是素理想.

(充分性)P 是素理想，任意 a，$b \in R$，当 $ab \in P$ 时，有 $(a)(b)=(ab) \subset P$，由素理想的定义，有 $(a) \subset P$ 或者 $(b) \subset P$，可得 $a \in P$ 或者 $b \in P$.

为了更好地理解素理想，举例如下.

例 4.33　整环的零理想是素理想.

例 4.34　对于整数环，理想 (p)，$a \in (p)$ 意味着 $p \mid a$，因此 (p) 为素理想的充要条件是

$$p \mid ab \Rightarrow p \mid a \text{ 或 } p \mid b$$

因此当 p 是素数时，(p) 是 $\mathbb{Z}$ 中的素理想.

定理 4.12(素理想的性质)　R 是有单位元的交换环，理想 P 是素理想的充要条件是商环 R/P 是整环.

证明：(必要性)R/P 有单位元 1_R+P 和零元 0_R+P. 因为 P 是素理想，所以 $1_R+P \neq 0_R+P$(R 中的单位元 $1_R \notin P$，否则 $P=R$). 进一步说明 R/P 无零因子. 若不为零的两个元素 $(a+P)(b+P)=P=0_{R/P}$，则 $ab+P=P$，因此 $ab \in P$，由素理想的定义和定理 4.11 可得 $a \in P$ 或 $b \in P$，于是 $a+P=P$ 或者 $b+P=P$ 为零. 故 R/P 中无零因子.

(充分性) $\forall a$，$b \in R$，$ab \in P$，有 $(a+P)(b+P)=ab+P=P=0_{R/P}$. 因为 R/P 是整环，没有零因子，所以 $a+P=P$ 或者 $b+P=P$，由此可得 $a \in P$ 或者 $b \in P$，根据定理

4.11 和素理想的定义可得 P 为素理想.

定义 4.17(最大理想) R 是有单位元的交换环,M 是 R 中的理想,$M\neq R$. 对于任何理想 N,如果 $M\subseteq N\subseteq R$,则 $N=R$ 或者 $N=M$,称 M 为 R 的最大理想.通俗地说,不能包含在一个更大的理想(R 除外)中的理想是最大理想.

命题 4.8 有单位元的非零交换环中,最大理想总是存在的.

定理 4.13 R 是有单位元的交换环,M 是 R 中的最大理想的充要条件是 R/M 是域.

证明:(必要性)M 是最大理想,需要证明商环 R/M 的元素都有逆元. $a+M\neq 0$,则 $a\notin M$. 考察理想 $Ra+M$(理想加理想),显然 $a\in Ra+M$,并且 $M\subseteq Ra+M$. 因为 M 是最大理想,所以 $Ra+M=R$.单位元 $1\in Ra+M$,于是 $\exists r\in R$, $m\in M$,使得 $ra+m=1$,于是得

$$(r+M)(a+M)=ra+M=1-m+M=1+M$$

$a+M$ 的逆元是 $r+M$.

(充分性)R/M 是域,则 $M\neq R$(否则,R/M 中只有零元,与 R/M 是域矛盾).R/M 域中的理想只有 R/M 和 $\{0\}$.由环 R 中包含 M 的理想与商环 R/M 的理想有一一对应关系,可知不存在包含 M 而不等于 R 的理想,因此 M 是最大理想.

定理 4.14 R 是有单位元的交换环,如下条件等价:

(1) R 是域;

(2) 除 $\{0\}$ 和 R 之外,R 上没有其他理想(即没有真理想);

(3) $\{0\}$ 是 R 的最大理想;

(4) 每个非零环同态 $R\to R'$ 是单同态.

证明:(1)→(2)设 I 是理想,$a\in I$,则 $aa^{-1}\in I$,故 $1\in I$,可得 $I=R$.

(2)→(1)任意元素 $a\neq 0$, 考察理想 $(a)=R$,则 $\exists b$, $ab=1$,所以 $a^{-1}=b$, 有逆元.

(2)↔(3) 容易证明.

(3)↔(4) 同态核是理想,理想也对应一个同态核.

定理 4.15 R 是有单位元的交换环,R 中的最大理想是素理想.

为了更好地理解最大理想,举例如下.

例 4.35 $\mathbb{Z}[X]$ 是整数上的多项式环,环中元素为 $f(X)=a_0+\cdots+a_nX^n$, $n=0$, 1, $\cdots$, 由 X 生成的理想为

$$(X)=\{f(X)\mid f(X)\in\mathbb{Z}[X],\ a_0=0\}$$

由 2 生成的理想为

$$(2)=\{f(X)\mid a_i=0 \mod 2\}$$

(2)和(X)都是真理想(非平凡理想),并且 $2\notin(X)$, $X\notin(2)$. 继续考察 3 个环同构 f_1, f_2, f_3. f_1: $\mathbb{Z}[X]\to\mathbb{Z}$, $f(X)\to a_0$,f_2: $\mathbb{Z}[X]\to\mathbb{Z}_2[X]$, $f(X)\to\overline{f(X)}$(即将

$f(X)$ 的系数都 mod 2)，f_3：$\mathbb{Z}[X] \to \mathbb{Z}_2$，$f(X) \to \overline{a_0}$.

(X)是素理想,这是因为(X)是 f_1 的核,而$\mathbb{Z}$ 是整环.(X)不是最大理想,这是因为$(X) \subseteq (2, X)$，$(2, X)$ 是真理想.

(2)是素理想,这是因为(2)是 f_2 的核,而 $\mathbb{Z}_2[X]$ 是整环.(2)不是最大理想，这是因为 $(2) \subseteq (2, X)$，$(2, X)$ 是真理想.

$(2, X)$是最大理想,这是因为

$$\text{Ker } f_3 = \{a_0 + Xg(X) \mid g(X) \in \mathbb{Z}[X],\ a_0 = 0 \bmod 2\} = (2, X)$$

$\mathbb{Z}_2$ 是域,所以$(2, X)$是最大理想.

4.6　多项式环

例 4.36　设 R 是整环,$R[X]$是 R 上的多项式环.$R[X]$对多项式的乘法和加法构成整环.$R[X]$的单位元是 1.

例 4.37　设 $f(x) = x^6 + x^4 + x^2 + x + 1 \in F_2[x]$，$g(x) = x^7 + x + 1 \in F_2[x]$，则

$$f(x) + g(x) = x^7 + x^6 + x^4 + x^2$$

$$f(x)g(x) = x^{13} + x^{11} + x^9 + x^8 + x^6 + x^5 + x^4 + x^3 + x + 1$$

设 $f(x) = a_n x^n + \cdots + a_1 x + a_0$，$a_n \neq 0$，多项式 $f(x)$的次数为 n,记 $\deg(f) = n$.

例 4.38　$f(x) = x^6 + x^4 + x^2 + x + 1$ 的次数为 6.

定义 4.18(整除)　设 $f(x)$，$g(x)$是整环 R 上的任意多项式，$g(x) \neq 0$. 如果存在多项式 $q(x)$，使得

$$f(x) = g(x)q(x)$$

成立,则称 $g(x)$整除 $f(x)$,记作 $g(x) \mid f(x)$，$g(x)$ 为 $f(x)$的因式,$f(x)$为 $g(x)$的倍式.否则,称 $g(x)$不能整除 $f(x)$,记作 $g(x) \nmid f(x)$.

例 4.39　$\mathbb{Z}[X]$ 中,$2x + 3 \mid 2x^2 + 3x$，$x^2 + 1 \mid x^4 - 1$.

定义 4.19　设 $f(x)$是整环 R 上的非常数多项式,如果除了 1 和 $f(x)$外,$f(x)$没有其他因式,则称 $f(x)$为 不可约多项式,否则,称 $f(x)$为合式.

如果是在域上,不可约多项式次数至少是 1,并且不能为两个次数更低多项式的乘积.

例 4.40　$\mathbb{Z}[X]$ 中,多项式 $x^2 + 1$ 不可约,但在 $F_2[X]$ 中,多项式 $x^2 + 1$ 可约.可约性与多项式所在的代数结构有关.

例 4.41　$F_2[X]$ 中一次不可约多项式为 x 和 $x + 1$. 二次不可约多项式为 $x^2 + x + 1$，可约多项式为 x^2，$x^2 + 1$，$x^2 + x$. 三次不可约多项式之一为 $x^3 + x + 1$.

整数有欧几里得除法,也可以推广到多项式的欧几里得除法.

定理 4.16　多项式欧几里得除法中，设 $f(x)=a_nx^n+\cdots+a_1x+a_0$，$g(x)=x^m+\cdots+b_1x+b_0(m\geqslant 1)$，是整环上的两个多项式，则一定存在 $q(x)$和 $r(x)$使得

$$f(x)=g(x)q(x)+r(x),\ \deg(r)<\deg(g)$$

如果是在域上，则 b_m 非零.

例 4.42　多项式欧几里得除法中，$q(x)$ 和 $r(x)$ 是唯一的.

证明：如果 $f(x)=q(x)g(x)+r(x)=q_1(x)g(x)+r_1(x)$，则 $g(x)(q(x)-q_1(x))=r_1(x)-r(x)$，如果 $q(x)-q_1(x)\neq 0$，左边的次数至少是 $\deg(g)$，右边次数小于 $\deg(g)$，矛盾.

定义 4.20　多项式欧几里得除法中，$q(x)$称作 $f(x)$被 $g(x)$除所得的**不完全商**. $r(x)$称作 $f(x)$被 $g(x)$除所得的**余式**.

命题 4.9　设 $f(x)=a_nx^n+\cdots+a_1x+a_0$，是整环 R 上的多项式，$a\in R$，则一定存在唯一的 $q(x)\in R[X]$，使得

$$f(x)=q(x)(x-a)+f(a)$$

于是，$f(a)=0$ 当且仅当 $(x-a)\mid f(x)$.

证明：由欧几里得除法可知 $f(x)=q(x)(x-a)+r(x)$，$\deg(r(x))<1$，故 $r(x)$ 为常数.

例 4.43　R 是整环，$f(x)$为 n 次多项式，则 $f(x)$最多有 n 个根(包括重根). 如果 $f(a_1)=0$，使用命题 4.9 若干次后，可得 $f(x)=q_1(x)(x-a_1)^{n_1}$，这里，$q_1(a_1)\neq 0$.如果 a_2 是另一个根，则 $0=f(a_2)=q_1(a_2)(a_2-a_1)^{n_1}$，由于 $a_1\neq a_2$，R 是整环，故 $q_1(a_2)=0$，于是，a_2 是 $q_1(x)$ 的根.再使用命题 4.9 若干次，可得 $q_1(x)=q_2(x)(x-a_2)^{n_2}$. 如此进行下去，在有限的步骤内，可得 $f(x)=c(x-a_1)^{n_1}\cdots(x-a_k)^{n_k}$，$n_1+\cdots+n_k=n$. 因为 R 是整环，所有可能的根也就是 a_1，a_2，$\cdots$，a_k.

例 4.44　$R=Z_8$ 不是一个整环，其上的多项式 $f(x)=x^3$ 在 R 中有 4 个根，它们是 0，2，4，6.

长除法是做多项式除法的简便方法.

例 4.45　$f(x)=x^{13}+x^{11}+x^9+x^8+x^6+x^5+x^4+x^3+x^2+x+1\in F_2[X]$，$g(x)=x^8+x^4+x^3+x^2+x+1\in F_2[X]$，可以用长除法求 $q(x)$ 和 $r(x)$.

解：多项式环中同样有最大公因式 $(f(x),\ g(x))$ 和最小公倍式 $[f(x),\ g(x)]$ 的概念.

$f(x)$和 $g(x)$是域 F 上的多项式，$\deg(g(x))\geqslant 1$，$\deg(g(x))\leqslant\deg(f(x))$，反复运用多项式的欧几里得算法，得

$$f(x)=g(x)q_1(x)+r_1(x),\ 0\leqslant\deg(r_1(x))<\deg(g(x))$$
$$g(x)=r_1(x)q_2(x)+r_2(x),\ 0\leqslant\deg(r_2(x))<\deg(r_1(x))$$

$$r_1(x)=r_2(x)q_3(x)+r_3(x),\ 0\leqslant \deg(r_3(x))<\deg(r_2(x))$$

$$\cdots$$

$$r_{k-1}(x)=r_k(x)q_3(x)+r_{k+1}(x),\ \deg(r_{k+1}(x))=0$$

经过有限步骤,可以使得最后的余式为零.

定义 4.21　$f(x)$和$g(x)$是域F上的多项式, $\deg(g(x))\geqslant 1$, $(f(x),\ g(x))=r_k(x)$,其中$r_k(x)$为扩展欧几里得算法最后一个非零余式.如果$(f(x),\ g(x))=1$,则$f(x)$与$g(x)$**互素**.

定理 4.17　$f(x)$和$g(x)$是域F上的多项式,则存在$s(x)$和$t(x)$使得

$$s(x)f(x)+t(x)g(x)=(f(x),\ g(x))$$

例 4.46　$f(x)=x^{13}+x^{11}+x^9+x^8+x^6+x^5+x^4+x^3+x^2+x+1\in F_2[X]$, $g(x)=x^8+x^4+x^3+x^2+x+1\in F_2[X]$,求$q(x)$和$r(x)$使得

$$s(x)f(x)+t(x)g(x)=(f(x),\ g(x))$$

与整数的扩展欧几里得算法一样,逐步将$(f(x),\ g(x))$表示为$f(x)$和$g(x)$的线性组合的形式.注意,$(f(x),\ g(x))$表示最大公因式,不是理想.

定义 4.22(多项式同余)　$R[X]$中,$m(x)$为最高次系数为 1 的多项式,两个多项式$f(x)$和$g(x)$称为模$m(x)$**同余**. 如果$m(x)\mid(f(x)-g(x))$,记作$f(x)\equiv g(x) \bmod m(x)$; 否则,称为模$m(x)$不同余, 记作$f(x)\not\equiv g(x) \bmod m(x)$.

分式域是一种从环构造域的方法,我们也可以用模不可约多项式的方法来构造域,可以理解为模不可约多项式的余式构成的代数结构.

定理 4.18　F是一个域,$p(x)$是$F[X]$中不可约多项式,则商环$F[X]/(p(x))$构成一个域.

证明: 只需证明每个元素都有逆元.商环的单位元为$1+(p(x))$, 任意非零元为$f(x)+(p(x))$, $f(x)\notin(p(x))$. 因为$p(x)$是不可约多项式,所以$(f(x),\ p(x))=1$,使用多项式的扩展欧几里得算法,可以求得存在多项式$s(x)$和$t(x)$,使得

$$s(x)f(x)+t(x)p(x)=1$$

于是, $(f(x)+(p(x)))(s(x)+(p(x)))=f(x)s(x)+(p(x))=1-t(x)p(x)+(p(x))=1+(p(x))$, $f(x)+(p(x))$的逆元为$s(x)+(p(x))$. 如果把$f(x)$写成$f(x)=q(x)p(x)+r(x)$的形式.余式$r(x)$和商环中的元素有对应关系.在模运算下,常常用余式代替商环的元素.

例 4.47　$F=Z/(pZ)$是一个域,其中p是素数,设$p(x)$是$F[X]$中n次不可约多项式,则

$$F[X]/(p(x))=\{a_{n-1}x^{n-1}+\cdots+a_1x+a_0\mid a_i\in F\}$$

记作 F_{p^n}，这个域的元素个数为 p^n.

例 4.48　$F_2=Z/(2Z)$ 是一个域，$g(x)=x^8+x^4+x^3+x^2+x+1\in F_2[X]$ 是 8 次不可约多项式. F_{2^8} 中的加法和乘法分别为

$$f(x)+g(x)=(f(x)+g(x)) \bmod g(x)$$

$$f(x)g(x)=f(x)g(x) \bmod g(x)$$

第5章

域扩张和有限域

有限域在密码学和计算机科学中有很重要的应用.由于伽罗瓦(Galois)对有限域研究的贡献,因此有限域也称为伽罗瓦域(Galois Field, GF).

5.1 域的扩张

F_p 是最简单的有限域,一般的有限域都可以看作最简单有限域的扩张. 我们知道 F 是域时,$F[X]$是整环, $f(x) \in F[X]$ 的根在哪里? 一个有用的启示如下: x^2+1 在实数上没有根,如果考虑一个比实数更大的复数域$\mathbb{C}$, x^2+1 在$\mathbb{C}$上有根.

定义 5.1 设 F 和 E 是域, $F \subseteq E$, 则称 E 是 F 的**扩域**(extension),记作 $F \leqslant E$.

例 5.1 如果 $F \leqslant E$, E 对加法是交换群, F 是域.可以让**矢量** $x \in E$ 和**标量** $\lambda \in F$ 相乘,构成线性空间. 这个线性空间的维数记作 $[E:F]$,如果$[E:F]=n<\infty$,则称为**有限扩张**.

例 5.2 $\mathbb{R}$ 是$\mathbb{Q}$ 的扩域,$\mathbb{C}$ 是$\mathbb{R}$ 的扩域.

命题 5.1 有域 F 和扩域E,扩张也可以理解为在域 F 中添加一个 $S \subset E$ 集合而形成域.我们尤其关心当 $S=\{\alpha\}$,即 S 只有一个元素的情况.$F(\alpha)$表示由 α 和 F 生成的域,也可以理解为在 F 中添加一个元素 α 而形成的域.$F(\alpha)$是 E 中包含 F 和 α 的最小域.

例 5.3 $Q(\sqrt{2})=\{a+b\sqrt{2} \mid a, b \in Q\}$ 是 Q 的有限扩张, $[Q(\sqrt{2}):Q]=2$.

定义 5.2(代数扩张) $F \leqslant E$, 一个元素 $\alpha \in E$, 如果存在非常数多项式 $f(x) \in F[X]$, 使得 $f(\alpha)=0$, 则称 α 是 F 上的**代数数**(algebraic). 否则就是**超越数**(transcendental).如果 E 中每个元素都是 F 上的代数数, 则称 E 为 F 的**代数扩张**,否则称为**超越扩张**.

定义 5.3 $F \leqslant E$, α 是F 上的代数数,存在唯一的 $m(x)$是首一的不可约多项式,使得 $m(\alpha)=0$. $m(x)$ 称为**极小多项式**或者**定义多项式**.

如果 α 是 F 的代数数,I 是所有 F 上多项式 $g(x)$的集合,满足 $g(\alpha)=0$. 可以看出,如果 $g_1(x) \in I$, $g_2(x) \in I$,则 $g_1(x)+g_2(x) \in I$. 并且如果 $g(x) \in I$, $r(x) \in$

$F[X]$，则 $g(x)r(x)\in I$，因此 I 是 $F[X]$ 的理想.由于 $F[X]$ 是主理想整环，存在 $m(x)$，使得 $I=(m(x))$. 继续观察，$m(x)$ 是不可约多项式.然后，$m(x)$ 是次数最低的多项式.如果要求 $m(x)$ 是首一的多项式，则这样的多项式是唯一的.

命题 5.2　$f: F\to E$ 是两个域的同态，则 f 是单同态.

证明：$\mathrm{Ker}\, f$ 是 F 中的理想，F 中的理想只能是 $\{0\}$ 和 F. $\mathrm{Ker}\, f$ 不可能为 F[因为 $f(1_F)\neq 0_E$]，只能为 $\{0\}$，对于 $\forall a, b\in F$，$f(a)=f(b)\Rightarrow f(a-b)=0\Rightarrow a-b\in\{0\}$，于是 f 为单同态.

命题 5.3　$f(x)$ 是 $F[X]$ 中的不可约多项式，则存在 F 的扩域 E 和 E 中的一个元素 α，使得 $f(\alpha)=0$.

证明：$I=(f(x))$，$E=F[X]/I$ 是域，由于 F 不是 E 中的元素，使用一个同构 $h: a\to a+I$ 将 F 映射到 E 中，于是 h 是单同态，F 可以看作 E 的子域.令 $\alpha=x+I$，如果 $f(x)=a_0+a_1x+\cdots+a_nx^n$，则利用理想的性质：

$$\begin{aligned} f(\alpha) &= a_0+I+(a_1+I)(x+I)+\cdots+(a_n+I)(x+I)^n \\ &= (a_0+a_1x+\cdots+a_nx^n)+I=f(x)+I=0_E \end{aligned}$$

复数是实数扩张而成的.复数可以看作在实数中添加了一个元素 i，因此我们需要研究添加一个元素扩张而成的域是什么样的.

命题 5.4　如果 E 是 F 的代数扩张，$\alpha\in E$，$m(x)$ 为 α 在 F 上的极小多项式，$\deg(m(x))=n$，则 $F(\alpha)=F[\alpha]$（$F[\alpha]$ 是关于 α 的多项式集合，系数在 F 中）. 事实上，$F[\alpha]=F_{n-1}[\alpha]$（$F_{n-1}[\alpha]$ 是关于 α 的多项式集合，系数在 F 中，次数最多为 $n-1$.运算为模 $m(x)$ 的运算），$1, \alpha, \cdots, \alpha^{n-1}$ 是线性空间 $F[\alpha]$ 在 F 上的一组**基**或**基底**，因此 $[F(\alpha):F]=n$.

证明：$f(x)$ 是 $F[X]$ 上的非零多项式，$\deg(f(x))\leqslant n-1$. 因为 $m(x)$ 不可约，$\deg(f(x))<\deg(m(x))$，$m(x)$ 和 $f(x)$ 互素，于是在 $F[X]$ 上存在多项式 $a(x)$ 和 $b(x)$ 使得 $a(x)f(x)+b(x)m(x)=1$，所以，$a(\alpha)f(\alpha)=1$. 由此可见，$F_{n-1}[\alpha]$ 中任何非零多项式都有逆元，$F_{n-1}[\alpha]$ 是域.

注：两个多项式乘积的次数可能大于 n，可以将这样的多项式 $g(x)$ 写成 $g(x)=q(x)m(x)+r(x)$，$\deg(r(x))<\deg(m(x))$ 的形式，于是有 $g(\alpha)=r(\alpha)$.例如，$m(\alpha)=\alpha^3+\alpha+1=0$，则 $\alpha^3=-a-1$，$\alpha^4=-\alpha^2-\alpha$.

一方面，任何包含 F 和 α 的域都应该包含关于 α 的所有多项式，特别是所有次数小于 n 的多项式，因此有 $F_{n-1}[\alpha]\subseteq F[\alpha]\subseteq F(\alpha)$. 另一方面，$F(\alpha)$ 是包含 F 和 α 的最小域，因此有 $F(\alpha)=F_{n-1}[\alpha]$.于是可得 $F_{n-1}[\alpha]=F[\alpha]=F(\alpha)$.

$1, \alpha, \cdots, \alpha^{n-1}$ 线性无关，构成基底，扩张成 $F_{n-1}[\alpha]$.（如果它们线性相关，则可以找到一个次数小于 n 的多项式，α 是该多项式的根，与 $m(x)$ 的定义矛盾.）

命题 5.5（基底的关系）　如果 $F\leqslant K\leqslant E$，则 α_i，$i\in I$ 是 E 在 K 上的一组基底，β_j，

$j \in I$ 是K 在F 上的一组基底(I 和J 不一定有限,这里的I 和J 常称作指标集.注意I 和J 不表示理想.),则 $\alpha_i\beta_j$, $i \in I$, $j \in J$ 是E 在F 上的基底.

证明: $\gamma \in E$,则γ 是α_i 的线性组合,系数$a_i \in K$,每个a_i 又是β_j的线性组合,系数$b_{ij} \in F$,于是$\alpha_i\beta_j$在F 上扩张成E.如果$\Sigma_{i,j}\lambda_{ij}\beta_j\alpha_i = 0$,因为$\alpha_i$ 线性无关,所以$\Sigma_j\lambda_{ij}\beta_j = 0$,同样可以证明$\lambda_{ij} = 0$,因此$\alpha_i\beta_j$ 线性无关.

定理 5.1 如果$F \leqslant K \leqslant E$, $[E:F]=[E:K][K:F]$(望远镜公式,也称为 tower law).

证明: $[E:K]=|I|$, $[K:F]=|J|$, $[E:F]=|I||J|$.

定理 5.2 如果E 是F 上的有限扩张,则E 是代数扩张.

证明: $\boldsymbol{\alpha} \in E$, $n=[E:F]$,则$\mathbf{1}, \boldsymbol{\alpha}, \cdots, \boldsymbol{\alpha}^n$ 是$n+1$ 个在n 维线性空间中的向量,一定线性相关,因此$\boldsymbol{\alpha}$ 一定是在F 中的非零多项式的根,于是$\boldsymbol{\alpha}$ 是F上的代数数.

5.2 分裂域

定义 5.4(分裂域) F 是域, $f(x) \in F[X]$,包含$f(x)$的所有根的F 的最小扩域E_f 为$f(x)$在F 上的**分裂域**(splitting field)或**根域**(root field).

例 5.4 显然分裂域可以通过在F 中添加$f(x)$的根形成, $E_f=F(\alpha_1, \alpha_2, \cdots, \alpha_n)$, $[E_f:F] \leqslant n!$[利用望远镜公式,逐个添加$f(x)$的根].

从例 5.4 可以看出分裂域是可以构造出来的,下面的定理表明分裂域的确是存在的.

命题 5.6 $f(x)$是$F[X]$中的不可约多项式,则存在F 的扩域E 和E 中的一个元素α 使得$f(\alpha)=0$.

证明: $I=(f(x))$, $E=F[X]/I$ 是域,由于F 不是E 中的元素,使用一个同构h: $a \rightarrow a+I$ 将F 映射到E 中,于是h 是单同态,F 可以看作E 的子域.令$\alpha=x+I$,如果$f(x)=a_0+a_1x+\cdots+a_nx^n$,则利用理想的性质得

$$\begin{aligned} f(\alpha) &= a_0+I+(a_1+I)(x+I)+\cdots+(a_n+I)(x+I)^n \\ &= (a_0+a_1x+\cdots+a_nx^n)+I=f(x)+I=0_E \end{aligned}$$

命题 5.7(分裂域在同构的意义下唯一) $f(x) \in F[X]$,则$f(x)$ 在F 上的分裂域E_f 在同构的意义下是唯一的.

例 5.5 $f(x)=x^4-5x^2+6 \in Q[X]$, $f(x)$ 的分裂域是$Q[\sqrt{2}, \sqrt{3}]$.

例 5.6 $f(x)=x^4-4 \in Q[x]$,求分裂域E_f 及$[E_f:\mathbb{Q}]$.

解: $f(x)=(x^2-2)(x^2+2)$. 首先把x^2-2 的两个根$\pm\sqrt{2}$ 加入Q,得$Q(\sqrt{2}, -\sqrt{2})=Q(\sqrt{2})$, $[Q(\sqrt{2}):\mathbb{Q}]=2$.

然后，考虑 $x^2+2\in Q(\sqrt{2})[X]$，x^2+2 在 $Q(\sqrt{2})[X]$ 中是不能分解的，两个根为 $\pm\sqrt{2}\mathrm{i}$. 将这两个根加入 $Q(\sqrt{2})$ 中，得 $E_f=Q(\sqrt{2},\pm\sqrt{2}\mathrm{i})=Q(\sqrt{2},\mathrm{i})$，$[E_f:\mathbb{Q}]=[E_f:Q(\sqrt{2})][Q(\sqrt{2}):\mathbb{Q}]=2\times2=4$.

定义 5.5　F 是域，$\overline{F}$ 是包含 F 上所有代数数的域，称为 F 的**代数闭域**. 显然 $\forall f(x)\in F[X]$，$f(x)$ 能在 $\overline{F}$ 上完全分裂.

定理 5.3（代数基本定理，fundamental theorem of algebra，FTA）　$n\geqslant1$，任何复系数一元 n 次多项式方程在复数域上至少有 1 个根.由此，n 次复系数多项式方程在复数域内有且只有 n 个根（重根按重数计算）.

例 5.7　由代数基本定理，$\mathbb{C}$ 是 $\mathbb{R}$ 的代数闭域.

定义 5.6　如果域 F 上多项式 $f(x)$ 在 $\overline{F}$ 上的所有根都互不相同，那么 $f(x)$ 是可分的多项式.

5.3　有限域的结构

例 5.8　F 是域时，F 的特征为素数.最简单的有限域就是特征为素数的有限域 F_p.同构的意义下，任何素数 p 阶域都与 F_p 相同. $E=F_q$ 是 $F=F_p$ 的有限扩张，$[E:F]=n$，则 $q=p^n$.

因为 F_q^* 对乘法构成群，所以有如下定理.

定理 5.4　F_q^* 中任意元素 a 的阶整除 $q-1$.

定义 5.7　有限域 F_q 的元素 g 叫作**生成元**，如果它是 F_q^* 的生成元，则是阶为 $q-1$ 的元素.

定理 5.5　有限域都有生成元，F_q^* 是循环群.如果 g 是 F_q 的生成元，g^d 是 F_q 的生成元的充要条件是 $(d,q-1)=1$. F_q 中有 $\varphi(q-1)$ 个生成元.

设 a 是阶为 d 的元素，则 d 个元素 $1, a, \cdots, a^{d-1}$ 互不相同，都是方程 $x^d-1=0$ 的所有根. 用函数 $\mu(d)$表示 F_q 中阶为 d 的元素个数，有

$$\Sigma_{d\mid(q-1)}\mu(d)=q-1$$

如果 b 也是阶为 d 的元素，则也是 $x^d-1=0$ 的根，故 b 为 a 的幂，即 $b=a^i$，$0\leqslant i\leqslant d$，而且 $(i,d)=1$，故 $\mu(d)=\varphi(d)$.如果 F_q 中没有 d 阶元，则 $\mu(d)=0$. 总之有

$$\mu(d)\leqslant\varphi(d)$$

于是有

$$\Sigma_{d\mid(q-1)}\varphi(d)=q-1\Rightarrow\Sigma_{d\mid(q-1)}(\mu(d)-\varphi(d))=0$$

因此有 $\mu(d)=\varphi(d)$，特别是 $\mu(q-1)=\varphi(q-1)$. 说明 $q-1$ 阶元存在，F_q^* 是循环群.

命题 5.8(子域判定准则) p 是素数，F 是 F_{p^n} 的子域，当且仅当 F 有 p^m 个元素，其中，m 是 n 的正因子.

证明：(充分性)令 F 是 F_{p^n} 的子域，$F=F_p$ 或者 $F=F_{p^n}$ 是平凡的情况.令 F 是 F_{p^n} 中不同于 F_p 的真子域，F 包含 F_p 作为子域，对于某个 m，$1\leqslant m\leqslant n$，F 是由 m 个元素组成的一组基在 F_p 上扩张而成的. 两个乘法群 $F_{p^n}^*$ 和 F^* 分别有 p^n-1 和 p^m-1 个元素，F^* 是 $F_{p^n}^*$ 的子群，由拉格朗日定理得 $|F^*|\,|\,|F_{p^n}^*|$，即 $p^m-1\mid p^n-1$，只有当 $m\mid n$ 时才成立.

(必要性)令 m 是 n 的一个正因子，F 是有 p^m 个元素的域，由于 n/m 是正整数，利用 F 上的 n/m 次不可约多项式，可以扩张成一个有 $(p^m)^{n/m}=p^n$ 个元素的域，F 是 F_{p^n} 的子域(F 可以看作 F_{p^n} 中单位元 1 的线性组合).

定理 5.6 任何两个元素个数相同的有限域都是同构的，并且都同构于 $f(x)=x^{p^n}-x$ 在 Z_p 上的分裂域 E_f.

如果 F 是有限域，则 $|F|=p^n$. 一方面，F^* 中的元素构成乘法群，$|F^*|=p^n-1$.因此 F 中的元素 $a\in F$ 都满足 $f(a)=0$，0 也是 $f(x)$ 的根，于是 $F\subseteq E_f$. 另一方面，E_f 是包含 $f(x)$ 根的最小域，$f(x)$ 的根最多有 p^n 个，因此 $|E_f|=p^n$.

例 5.9 F 是一个域，$p(x)$ 是 $F[X]$ 中不可约多项式，则商环 $F[X]/(p(x))$ 构成一个域.

例 5.10 通过模不可约多项式法可以构造一个域.例如 x^4+x+1 是 $F_2[X]$ 中不可约多项式，$F_2[X]/(x^4+x+1)$ 是域.

$F_2[X]$ 中所有次数小于等于 2 的不可约多项式为 x，$x+1$，x^2+x+1，可以证明它们都与 x^4+x+1 互素. x^4+x+1 是不可约多项式，因此 $F_2[X]/(x^4+x+1)$ 是域.

从模不可约多项式的角度，F_{2^4} 中的所有元素都是次数小于 4、系数在 F_2 上的多项式，确定一个这样的多项式需要确定 4 个系数，每个系数可以用 1 比特来表示.因此我们可以用 4 比特来表示 F_{2^4} 的元素，以此类推，F_{2^n} 中的元素都可以用 n 比特来表示，非常方便编程实现.

例 5.11 找一个 $F_{2^4}=F_2[X]/(x^4+x+1)$ 中的生成元 $g(x)$，通过计算 $g(x)^t$，$t=0, 1, \cdots$，可以找出所有的生成元.

解： $|F_{2^4}^*|=15$，因此满足

$$g(x)^3\not\equiv 1 \bmod (x^4+x+1),\quad g(x)^5\not\equiv 1 \bmod (x^4+x+1)$$

的元素是生成元(元素的阶都能被 15 整除).试算 $g(x)=x$，有

$$x^3\not\equiv 1 \bmod (x^4+x+1),\quad x^5\equiv x^2+x\not\equiv 1 \bmod (x^4+x+1)$$

因此 x 是生成元.

对于 $t=0, 1, \cdots$,计算 $g(x)^t$:

$$g(x)^0 \equiv 1, \quad g(x)^1 \equiv x, \quad g(x)^2 \equiv x^2,$$
$$g(x)^3 \equiv x^3, \quad g(x)^4 \equiv x+1, \quad g(x)^5 \equiv x^2+x,$$
$$g(x)^6 \equiv x^3+x^2, \quad g(x)^7 \equiv x^3+x+1 \quad \cdots$$

根据循环群的性质,所有生成元为 x^t,其中 $(t, 15)=1$.

例 5.12 也可以从线性扩张的概念来理解扩域,$f(x)=x^8+x^4+x^3+x+1$ 是 $F_2[X]$ 中不可约多项式,θ 是 $f(x)$的任意一个根(在扩域中),$1, \theta, \cdots, \theta^7$ 是 F_2 上的多项式基底,扩张成的空间为 F_{2^8},表示为

$$\{b_7\theta^7+b_6\theta^6+\cdots+b_1\theta+b_0\}$$

标量 $b_7, b_6, \cdots, b_0 \in F_2$.

扩域中的元素都是扩张后的线性空间中的元素,线性空间中的元素可以用 8 个 F_2 中的标量确定,因此可以用 8 比特(一个字节)来表示 F_{2^8} 中的元素.从模不可约多项式的角度和线性空间的角度来表示有限域中的元素都是类似的.

例 5.13 域上的乘法就是模不可约多项式的多项式乘法.例如计算十六进制数乘法 $61 \cdot 83$:

$$61_{\text{Hex}}=01100001_{\text{Binary}}, \ 83_{\text{Hex}}=10000011_{\text{Binary}}$$

用二进制的每 1 比特表示线性扩张空间的标量,那么 61_{Hex}表示有限域的元素 $\theta^6+\theta^5+1$. 同理,83_{Hex}表示有限域的元素 $\theta^7+\theta+1$. 因此,

$$(\theta^6+\theta^5+1)\cdot(\theta^7+\theta+1)=(\theta^{13}+\theta^{12}+\theta^5+\theta+1)$$

由于

$$\theta^8+\theta^4+\theta^3+\theta+1=0$$

于是

$$\theta^8=\theta^4+\theta^3+\theta+1$$
$$\theta^9=\theta^5+\theta^4+\theta^2+1$$
$$\theta^{11}=\theta^7+\theta^6+\theta^4+\theta^3$$
$$\theta^{12}=\theta^7+\theta^5+\theta^3+\theta+1$$
$$\theta^{13}=\theta^9+\theta^8+\theta^6+\theta^5=\theta^6+\theta^3+\theta^2+1$$

因此

$$\theta^{13}+\theta^{12}+\theta^5+\theta+1=\theta^7+\theta^6+\theta^2+1$$

即 $61_{\text{Hex}} \cdot 83_{\text{Hex}}=11000101_{\text{Binary}}=\text{C5}_{\text{Hex}}$.

5.4 伽罗瓦理论

一元一次方程的根很容易得到,一元二次方程的根可以用根式表达.次数更高的方程,如四次、五次方程的根是否能用根式表达?尺规作图是否能做出两倍体积的立方体,能否三等分角?这些都是数学上的经典问题.伽罗瓦(Galois)在研究高次方程根的时候,提出了伽罗瓦理论,对于这些数学经典问题的解决起到了关键作用,为群论和域论之间架起了一座桥梁,也成为有限域的基础理论.

$f(x)$是 F 上的一个多项式,那么有个扩域 E 包含了 $f(x)$的所有根.一个置换群 G 表示对 $f(x)$的所有根进行置换.伽罗瓦观察到 E 的结构与 G 的结构之间存在一一对应的关系.

定义 5.8 K 是域,K 上的所有自同构记作 $\mathrm{Aut}(K)$.

定义 5.9 F 是 K 的子域,如果 K 上的自同构 σ 满足 $\forall a \in F$, $\sigma(a)=a$,则 σ 保持 F 不变.

任何一个域都至少有一个自同态——恒等映射,这是一个平凡的自同态.素域 F_p 是由单位元 1 生成的,自同态必须把定义域的 1 映射到值域的 1,根据同态保持运算的性质,可以得知素域 F_p 上的自同态只有一个,就是平凡的自同态. $\mathbb{Q}$ 可以看作是一个整数二元组 (a, b),其中 $a \in \mathbb{Z}$, $b \in \mathbb{Z}$ 分别是分子和分母.整数上的元素也可以看作是 1 生成的,根据同态保持运算的性质,也可以得知 $\mathbb{Q}$ 上的自同态只有一个,就是平凡的自同态.

定义 5.10 K/F 是域的扩张,K 上所有满足保持 F 不变的自同构记作 $\mathrm{Aut}(K/F)$.

命题 5.9 群运算为映射的复合,$\mathrm{Aut}(K)$是群.$\mathrm{Aut}(K/F)$是 $\mathrm{Aut}(K)$的子群.

命题 5.10 K/F 是域的扩张,α 是 F 中的代数数,σ 是 $\mathrm{Aut}(K/F)$中的自同构映射.于是 $\sigma(\alpha)$也是 α 的最小多项式的根.

证明: 把 α 带入最小多项式,满足

$$\alpha^n + c_{n-1}\alpha^{n-1} + \cdots + c_1\alpha + c_0 = 0$$

其中,$c_i \in F$.使用自同态映射 σ 作用于等式两边,利用 $\sigma(c_i)=c_i$ 和同构映射的性质可得

$$\sigma(\alpha)^n + c_{n-1}\sigma(\alpha)^{n-1} + \cdots + c_1\sigma(\alpha) + c_0 = 0$$

显然可得 $\sigma(\alpha)$也是最小多项式的根.

命题 5.10 表明 $\mathrm{Aut}(K/F)$中的自同构映射对最小多项式的根进行了一个排列.

命题 5.11 令 H 为 $\mathrm{Aut}(K)$的子群,即 $H \leqslant \mathrm{Aut}(K)$. K 中在 H 作用下保持不变的所有元素构成一个子域,记作 $\mathrm{Fix}(H)$.

定义 5.11 K/F 是域扩张.如果 $|\mathrm{Aut}(K/F)|=[K:F]$,那么 K/F 是伽罗瓦扩

张，自同构群 Aut(K/F)称为 Galois 群，记作 Gal(K/F).

命题 5.12　K 是 F 上可分多项式 $f(x)$的分裂域，那么 K/F 是伽罗瓦扩张.

定理 5.7(伽罗瓦理论基本定理)　令 K/F 为一个伽罗瓦扩张，E 为一个中间域，即 $F\subseteq E\subseteq K$，令 H 为$G=\mathrm{Gal}(K/F)$ 的一个子群，那么

(1) K 的子域与G 的子群之间存在一一对应关系：

$$F\subseteq E\subseteq K$$

$$\{1\}\subseteq H\subseteq G$$

(2) $[K:E]=|H|$，并且$[E:F]=[G:H]$.

映射 $H\to\mathrm{Fix}(H)$ 和映射 $E\to\mathrm{Gal}(K/E)$ 是互为逆的双射.即 $\mathrm{Fix}(\mathrm{Gal}(K/E))=E$，且 $\mathrm{Gal}(K/\mathrm{Fix}(H))=H$. 由此，伽罗瓦理论基本定理在扩域的子域和伽罗瓦群的子群之间建立了联系.

例 5.14　有理数集 $\mathbb{Q}$ 上代数扩张的例子.令 $\omega=\cos(2\pi/7)+\mathrm{i}\sin(2\pi/7)$，显然 $\omega^7=1$.$Q(\omega)$ 是 $f(x)=x^7-1$ 在$\mathbb{Q}$上的分裂域. 令 φ 是$Q(\omega)$ 上的自同态，定义 $\varphi(\omega)=\omega^3$，于是可知 $|\langle\varphi\rangle|=6$.$f(x)$ 是可分多项式，$Q(\omega)$：$\mathbb{Q}$是伽罗瓦扩张. 于是 $\mathrm{Gal}(Q(\omega)/\mathbb{Q})$ 是一个六阶循环群，即$\langle\varphi\rangle$.

注意，ω 的最小多项式不是 $f(x)$，而是 $g(x)=x^6+x^5+x^4+x^3+x^2+x+1$. 显然可见 $f(x)=(x-1)g(x)$，ω 也是 $f(x)$ 的根.由于 $\deg(g(x))=6$，因此$[Q(\omega):\mathbb{Q}]=6$.

例 5.15　有限域扩张的例子.令 $F=GF(p)$，$E=GF(p^n)$，分析一下 Gal(E/F)的结构. 显然E 是代数扩张，从代数扩张的性质可知，$E=F(\alpha)$，其中，α 是满足 $f(\alpha)=0$ 的代数数，$f(x)$是次数为 n 的最小多项式：

$$f(x)=x^n+a_{n-1}x^{n-1}+\cdots+a_1x+a_0,\ a_i\in F$$

如果 φ 是E 上的任意自同态，那么 $\varphi(1)=1$.

因为 F 是素域，F 上的自同态只有恒等映射，所以 $\forall x\in F$，有 $\varphi(x)=x$. 于是有

$$\varphi(f(\alpha))=\varphi(0)=0$$

根据同态保持运算的性质：

$$\varphi(f(\alpha))=\varphi(\alpha)^n+a_{n-1}\varphi(\alpha)^{n-1}+\cdots+a_1\varphi(\alpha)+a_0=0$$

于是 $\varphi(\alpha)$也满足 $f(x)=0$. 因为 $f(x)$最多有 n 个根，所以 φ 也有n 种可能[确定了 $\varphi(\alpha)$ 就确定了自同态]，于是 E 上的自同态也最多有 n 种可能.

因为$\sigma(\alpha)=\alpha^p$ 是E 上的自同态，所以σ^k 也是E 上的自同态，其中 k 是正整数.

因为 $E*$是循环群，$|E*|=p^n-1$，所以 k 只有n 种不同情况，于是 $|\langle\sigma\rangle|=n$.

最后可得 $\langle\sigma\rangle=\mathrm{Gal}(E/F)\simeq\mathbb{Z}_n$.

5.5 域的应用

5.5.1 高级加密标准

有限域在信息安全相关领域有广泛的应用，如以下几方面：

- 加密算法：高级加密标准；
- 随机数发生器，流密钥产生器；
- 通信协议：纠错码；
- 安全相关协议：安全多方计算协议、零知识证明协议.

例 5.16 1997 年 4 月 15 日美国国家标准和技术研究所(NIST)发起征集高级加密标准(advanced encryption standard，AES)算法的活动，并成立了 AES 工作组，目的是确定一个非保密的、公开披露的、全球免费使用的加密算法，用于保护下一世纪政府的敏感信息. NIST 最终选择了 Rijndael 作为 AES. AES 集聚了安全、性能好、效率高、易用和灵活等优点，使用非线性结构的 S-boxes，硬软件都能发挥出非常好的性能，内存需求低也使它很适合用于受限的环境. AES 的计算定义在 F_{2^8} 上，模不可约多项式为 $x^8+x^4+x^3+x+1$. AES 的计算框图中每一步都是可逆的. 读者如对 AES 感兴趣，可以参阅 AES 的相关技术文档.

线性反馈移位寄存器(linear feedback shift register，LFSR)是常用的电路结构，域上的计算与 LFSR 有密切的联系.

例 5.17 LFSR 是由寄存器和异或门(XOR gate)构成的电路，每个时钟信号(CLK)到达时，电路中存储的数据沿着箭头方向移动. 图 5－1 所示的是一个典型的 LFSR 电路.

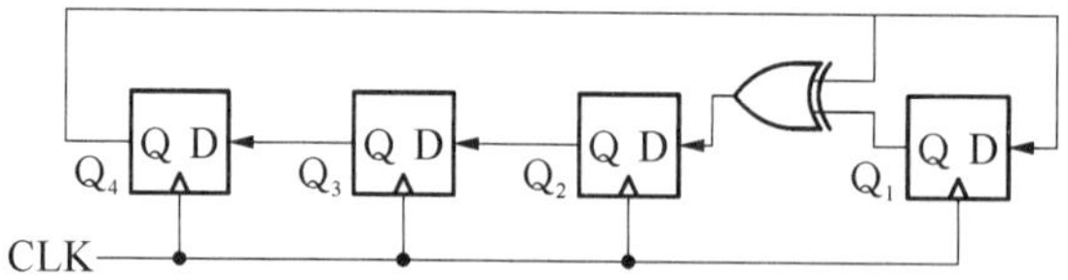

图 5－1 线性反馈移位寄存器(LFSR)

例 5.18 由不可约多项式构造 LFSR. 不可约多项式的次数是 n，需要 n 个寄存器，构造规则如下.

(1) 将 n 个寄存器从左到右依次排好，最左边是第 n 个寄存器，最右边是第 1 个寄存器，然后将每个寄存器都接上时钟信号 CLK.

(2) 添一条连接线，连接第 n 个寄存器的输出 Q 与第 1 个寄存器的输入 D.

(3) 对于每个不为零的 x^k，在寄存器 k 和寄存器 $k+1$ 之间添加一个异或门. 异或门的一个输入连接到寄存器 k 的输出 Q，另一个输入连接到第 2 步的连接线. 异或门的输出

连接到寄存器 $k+1$ 的输入 D.

由不可约多项式 x^4+x+1 构造的 LFSR 如图 5－1 所示.

例 5.19　由不可约多项式 $x^8+x^4+x^3+x^2+1$ 构造的 LFSR 如图 5－2 所示.

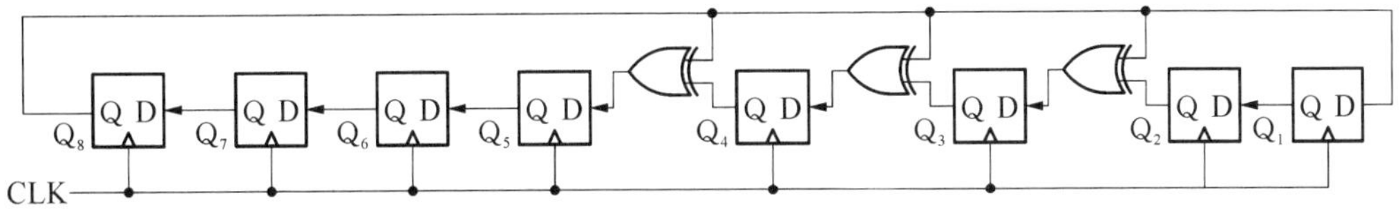

图 5－2　不可约多项式构造的 LFSR

有限域上的加法很简单，有限域上的乘法是多项式的乘法模一个不可约多项式，看起来计算复杂度很高.然而有限域上的乘法也是很高效的，可以用 LFSR 来快速计算有限域的乘法.

例 5.20　假设图 5－1 中电路的初始状态为 0 1 0 0，不断对其进行循环左移运算可得如下的一系列状态：

$$\begin{array}{c} 0\,1\,0\,0 \leftarrow \\ 1\,0\,0\,0 \leftarrow \\ 0\,0\,0\,1 \leftarrow \\ 0\,0\,1\,0 \leftarrow \\ 0\,1\,0\,0 \leftarrow \end{array}$$

如果上述每个状态的 4 比特表示域 F_{24} 上的元素(模不可约多项式 x^4+x+1)，则有如下观察结果.

(1) 左移运算相当于乘 x.于是我们可以通过左移运算快速计算多项式乘法.

(2) 由于 F_{24}^* 是循环群，如果 x 是 F_{24}^* 的生成元，则不断进行左移运算可以得到 F_{24}^* 中所有元素.我们也可以利用这个性质，把 LFSR 当作随机数发生器.

5.5.2　尺规作图问题

尺规作图问题是起源于古希腊的数学难题.只使用圆规和直尺，并且只允许使用有限次来解决各种平面几何作图题.这里的圆规和直尺都是不带刻度的，尺规作图过程中不允许使用刻度.尺规作图能解决很多基本几何作图问题，如二等分角度，任意等分线段，以任意线段为一条边画矩形，以任意一个点为圆心、另一点为圆周上的点画圆.人们使用有限步尺规作图能解决很多复杂的问题，然而有些看似简单的问题，从古希腊到现代都没有找到尺规作图的解决方法，如三等分角问题、化圆为方问题等.不可能用尺规作图完成的作图问题，称为**尺规作图不能问题**.有限域理论证明了三等分角问题和化圆为方问题都是尺规作图不能问题.

尺规作图是在二维平面上作图，基本操作是画直线、画圆.通过画直线和圆，可以得到两个线段的交点，得到圆与线段的交点，得到圆与圆的交点.这些交点都可以看作二维平面上确定的“点”.复数集 $\mathbb{C}$ 可以理解为二维平面上的所有点的集合.于是尺规作图能解决的问题就是尺规作图能确定的“点”，这些点的集合显然是 $\mathbb{C}$ 的子集.

在二维平面中给定基准点(0, 0)和(0, 1)，给定一个无刻度直尺和一个无刻度圆规，按照尺规作图规则画出来的所有点的集合记作 ε.ε 常被称为**可构造点集合**，ε 中的点称为**可构造点**(constructible point).显然 $\varepsilon \subseteq \mathbb{C}$.

给定基准点(0, 0)和(0, 1)并不是“给出刻度”的意思，只是给出一个单位长度，方便问题的描述.在尺规作图进行之前，也可以在平面上任意取两点，以其中一点为原点(0, 0)，另一点为(0, 1)，两点的距离作为单位长度.原点(0, 0)即是 $\mathbb{C}$ 中的零元，(0, 1)即是 $\mathbb{C}$ 中的单位元.

定义 5.12(可构造点集合) $\varepsilon = \{z \mid z \text{ 是可构造点}\}$

按照可构造点集合的定义，对于 $z \in \varepsilon$，从(0, 0)和(0, 1)两点开始，通过有限次的尺规作图基本操作，一定能确定 z 点的位置.

例 5.21 尺规作图能解决如下问题：线段的任意 n 等分，求对称点，推平行线.

例 5.22 $\mathbb{C}$ 中的 i, -1, $1+\mathrm{i}$, $\sqrt{2}$ 属于可构造点集合.

使用沿坐标系推平行线的方法可以证明如下命题.

命题 5.13 $z = a + b\mathrm{i} \in \mathbb{C}$，其中，$a$, $b \in \mathbb{R}$，$z \in \varepsilon$ 当且仅当 a, $b \in \varepsilon$.

命题 5.14 如果 a, $b \in \varepsilon \cap \{x > 0 \mid x \in \mathbb{R}\}$，那么 $ab \in \varepsilon$.

图 5-3 中的 a 和 b 是可构造的正实数，于是我们可以尺规作图构造 i、a 和 $b\mathrm{i}$，连接 i 和 a，过 $b\mathrm{i}$ 推平行线，平行线与水平轴的交点显然就是 ab.

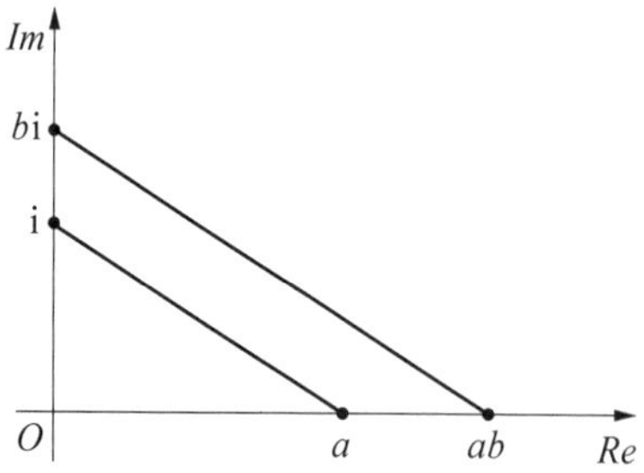

图 5-3 构造 ab

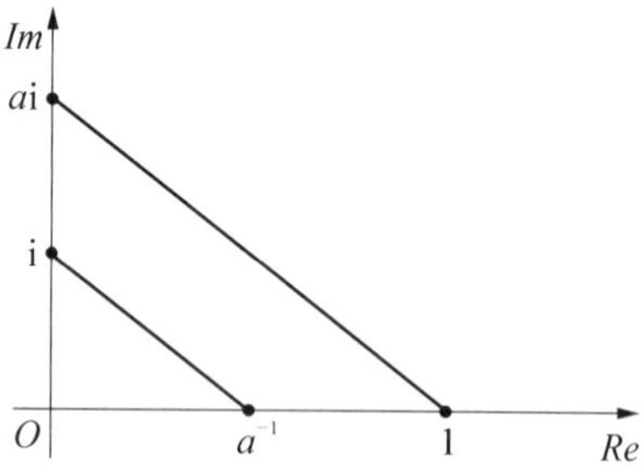

图 5-4 构 a^{-1}

命题 5.15 如果 $a \in \varepsilon \cap \{x > 0 \mid x \in \mathbb{R}\}$，并且 $a \neq 0$，那么 $a^{-1} \in \varepsilon$.

图 5-4 中 a 是可构造的正实数，于是我们可以尺规作图构造 i、1 和 $a\mathrm{i}$，连接 $a\mathrm{i}$ 和 1，过 i 推平行线，平行线与 x 轴的交点显然就是 a^{-1}.图中显示的是正实数，显然对于有负实数的情况也成立.

定理 5.8 ε 是域.

证明： ε 中的运算是 $\mathbb{C}$ 中的加法和乘法，自然满足运算的分配律.

ε 中的加法运算显然是封闭的，并且构成交换群.

根据命题 5.14 可知 ε 的乘法运算是封闭的，并且根据命题 5.15 可知 E 的非零元素有乘法逆元，于是 ε 的非零元素在乘法下构成群.

于是可知，ε 是域.

命题 5.16　如果 $z \in \varepsilon$，则 $\sqrt{z} \in \varepsilon$.

证明： 令 $z \neq 0$, $z \in \varepsilon$. 可以把 z 写成 $re^{i\theta}$，其中，$0 < r = |z| \in \mathbb{R}$. 构造 $\sqrt{z}$，意味着构造 $w = \sqrt{r}\,e^{i\theta/2}$. 尺规作图可以二等分任意角，所以我们可以构造 $\theta/2$，r 是实数，我们也可以构造 $\sqrt{r}$.因此 $\sqrt{z}$ 是可以构造的，即 $\sqrt{z} \in \varepsilon$.

定义 5.13(毕达哥拉斯闭域)　Q^{py} 表示 Q 的毕达哥拉斯闭域(Pythagorean closure). Q^{py} 定义为 $\mathbb{C}$ 上的最小子域，并且满足对于任意 $z \in Q^{py}$，有 $\sqrt{z} \in Q^{py}$.

由定义可见 Q^{py} 是满足所有元素及其平方根都在 Q^{py} 中的域，并且是满足这个要求的 $\mathbb{C}$ 中最小的子域. Q^{py} 可以看作从 $\mathbb{C}$ 中只包含 0 和 1 的子域开始，使用 $\mathbb{C}$ 中的加法、乘法和平方根运算不断构造新元素而形成的子域. 古代希腊毕达哥拉斯学派认为世间万物皆可用整数或整数之比表示. 毕达哥拉斯的学生希帕索斯(Hippasus)发现了 $\sqrt{2}$ 的存在. 这一发现对毕达哥拉斯学派的数学认知产生重大动摇，后人称为第一次数学危机. 于是毕达哥拉斯学派的信徒把希帕索斯扔到大海喂鱼. 尽管毕达哥拉斯不喜欢 $\sqrt{2}$，后世的数学家还是把 Q^{py} 称为毕达哥拉斯闭域.

定理 5.9　$\varepsilon = Q^{py}$.

证明： 根据命题 5.16，ε 包含其所有元素的平方根，又按照 Q^{py} 的定义，Q^{py} 是 $\mathbb{C}$ 中包含所有元素平方根的最小域，于是有 $Q^{py} \subseteq \varepsilon$.

另一方面，ε 中的任意元素 z 都是从 ε 开始，经过有限次的求交运算得到的交点. 这些交点有 3 种情况：两条直线的交点，直线与圆的交点，圆与圆的交点. 所有新的交点都可以用旧交点(已经求得的交点)的加法、乘法和平方根运算来表示. 于是有 $z \in Q^{py}$，即 $\varepsilon \subseteq Q^{py}$.

定理 5.10　$z \in \varepsilon$，当且仅当存在有限次的域扩张：

$$Q = K_0 \subseteq K_1 \subseteq \cdots \subseteq K_n$$

并且 $z \in K_n$，$K_n \subseteq \mathbb{C}$，对于 $1 \leqslant i \leqslant n$ 有 $[K_i, K_{i-1}] = 2$.

证明：(充分性) 使用数学归纳法. 当 $n = 0$ 时，显然 $\mathbb{Q} \subseteq \varepsilon$，结论成立. 归纳假设 $K_{n-1} \subseteq \varepsilon$，因为 $[K_n, K_{n-1}] = 2$，所以 K_n 可以看作 K_{n-1} 的二次代数扩张，即存在 $\alpha \in K_{n-1}$，使得 $K_n = K_{n-1}(\alpha)$. 由于 $\alpha \in K_{n-1}$，$K_{n-1} \subseteq \varepsilon$，由定理 5.10 知，$\alpha \in K_n$. 于是归纳结论可得 $K_n \subseteq \varepsilon$. 如果 $z \in K_n$，那么 $z \in \varepsilon$.

(必要性) 如果 $z \in \varepsilon$，$z \in \varepsilon$ 中元素可以看作从 Q 中只包含 0 和 1 的子域开始(当然也是 $\mathbb{C}$ 的子域)，使用 $\mathbb{C}$ 中的加法、乘法和平方根运算不断构造新元素而形成的子域. 加入新元素的域要么与原来是同一个域，要么是二次扩展的扩域.经过有限次的扩展后，$z \in K_n$，$Q = K_0 \subseteq K_1 \subseteq \cdots \subseteq K_n$，对于 $1 \leqslant i \leqslant n$ 有$[K_i, K_{i-1}] = 2$.

定理 5.11　如果 $\alpha \in \varepsilon$，那么$[Q(\alpha) : Q] = 2^m$，其中 $m \geqslant 0$.

从古希腊开始，困扰人类 2 000 年的一个问题是尺规作图能否三等分任意角.域的理论出现后，明确给出这个问题的否定结论.为了否定尺规作图三等分任意角问题，我们只需要给出某个角不能被尺规作图三等分就可以.

命题 5.17　尺规作图不能三等分角 $2\pi/3$.

证明： 三等分 $2\pi/3$ 等同于构造 $\xi_9 = \mathrm{e}^{2\pi\mathrm{i}/9}$.假设 $\xi_9 \in \varepsilon$，因为 ε 是域，所以 $\xi_9 + \xi_9^{-1} \in \varepsilon$.于是我们只需要证明 $\alpha = \xi_9 + \xi_9^{-1} \notin \varepsilon$.

令 $w = \xi_3 = \xi_9^3$，显然有 $w^2 + w + 1 = 0$，于是可得 $\xi_9^6 + \xi_9^3 = -1$. 计算

$$\alpha^3 = (\xi_9 + \xi_9^{-1})^3 = x\mathrm{i}_9^3 + 3x\mathrm{i}_9 + 3x\mathrm{i}_9^{-1} + \xi_9^{-3}$$

因为 $\xi_9^{-3} = \xi_9^{-3}\xi_9^9 = \xi_9^6$，于是

$$\alpha^3 = \xi_9^6 + \xi_9^3 + 3(\xi_9 + \xi_9^{-1}) = 3\alpha - 1$$

所以 α 是$Q[x]$上的多项式 $f(x) = x^3 - 3x + 1$ 的根，而 $f(x)$是一个不可约多项式，所以 $f(x)$是极小多项式，$[Q(\alpha) : \mathbb{Q}] = 3$. 因为 $f(x)$的次数不是 2 的幂，所以 $\alpha \notin \varepsilon$.

第 6 章

Gröbner 基

多元线性方程组可以用高斯消元法求解.一元二次方程有直接求根的公式,一元高次方程的求解就比较困难了.当然,多元多次方程组的求解也会比较困难.

例 6.1 考虑如下三元二次方程组,求方程组的解.

$$\begin{cases} x^2+y^2-1=0 \\ xy+xz+yz-1=0 \\ x+y+z-1=0 \\ xyz-1=0 \end{cases}$$

一般我们关心以下 3 个问题:

- 方程组是否有解?
- 方程组如何求解?
- 方程组能否简化?

格鲁贝勒基(Gröbner basis,常写为 Gröbner 基)有助于回答上面的 3 个问题,但不能完美地解决上述 3 个问题.Gröbner 基能给出的结论是上述方程组无解,虽然没能求解方程,不过这个结论也是非常有价值的.

有些多元多次方程组可以使用 Gröbner 基求解,有些方程组在计算资源有限的情况下还是难以求解.

Gröbner 基是一组具有某些属性的多元非线性多项式,这些多项式可以为数学和工程技术中的一些基本问题提供算法解决方案.

1965 年 Bruno Buchberger 在其博士学位论文中提出了"Gröbner 基"(以他的导师 Wolfgang Gröbner 的名字命名),并提出一种计算 Gröbner 基的算法(Buchberger 算法).虽然俄国数学家 Nikolai Günther 在 1913 年就提出了类似的概念,并在各种俄罗斯数学杂志上发表. 然而这些论文在很大程度上被数学界所忽略,直到 1987 年 Bodo Renschuch 才重新发现它们.不过这时 Gröbner 基已经成为数学标准术语.

比较有趣的是有些看上去离 Gröbner 基很遥远的问题,例如自动证明几何定理、图着色以及数独游戏的解决方案,都可以简化为 Gröbner 基计算.Gröbner 基方法最近解决的科学技术问题包括石油平台的智能控制、软件的逆向工程、发现物种之间的遗传关系等.

代数攻击是现代密码学中的一种攻击方法，其主要方法是利用代数系统的良好性质及求解方法来攻击现有的密码学系统.而求解有限域上的多变元二次方程是代数攻击的热点之一，因为该类方程在密码学中有着众多应用，比如 AES 可以用稀疏超定多变元二次方程来描述.密码分析“不求甚解”，不期望能完美破解，但是如果发现了明文和密文之间的某些线性或者非线性的关系，那也是非常重要的成果.

本章将讲述什么是 Gröbner 基，如何用 SageMath 来计算，以及 Gröbner 基的一些典型应用.

6.1　认识 Gröbner 基

在定义 Gröbner 基之前，看几个 Gröbner 基的例子，有助于形成直观的概念.

例 6.2　求下述三元线性方程组的解：

$$\begin{cases} x+y-1=0 \\ x+2y-3=0 \\ 2y-z-1=0 \end{cases}$$

这个问题很容易用高斯消元法来求解.现在换一种方法，我们求集合 $\{x+y-1,\ x+2y-3,\ 2y-z-1\}$ 的 Gröbner 基，得到的 Gröbner 基是 $\{x+1,\ y-2,\ z-3\}$（很容易验证 $x=-1,\ y=2,\ z=3$ 是该方程组的解）.从这个例子可以看出，求 Gröbner 基类似高斯消元法，可以用于求解线性方程组.

例 6.3　求下述一元多次方程组的解：

$$\begin{cases} x^3-1=0 \\ x^2-1=0 \\ x^5+x^4-x^3-1=0 \end{cases}$$

我们求集合 $I=\{x^3-1,\ x^2-1,\ x^5+x^4-x^3-1\}$ 的 Gröbner 基，得到的 Gröbner 基是 $\{x-1\}$，很容易验证 $x=1$ 是该方程组的解，$x-1$ 是 I 中 3 个多项式的最大公因式.从这个例子可以看出，Gröbner 基类似多项式的扩展欧几里得算法，可以用于求解多项式的最大公因式.

从上述 2 个例子可以得到一个直观的印象：Gröbner 基就像是高斯消元法＋多项式的欧几里得长除法.

当然我们更感兴趣的是一般的情况——多元多次方程组.我们希望结合高斯消元法和欧几里得除法，形成一个更为强大的方法，这就是计算 Gröbner 基的 Buchberger 算法.

变量比较少的情况下，我们常常用 $x,\ y,\ z,\ w$ 代表变元.一般情况下（或者变量比较多的情况下)，我们用 x_1，x_2，x_3，…代表变元.

6.1.1 理想和希尔伯特基定理

回顾一下“理想”的定义，“理想”是环中一种特殊子环，Gröbner 基与“理想”有较强的联系.

令 K 表示一个数域(多项式方程的解可以在 K 的代数闭域上)，我们用 R 表示在数域 K 上 n 个变元的多项式环：

$$R = K[x_1, x_2, \cdots, x_n]$$

多项式 g_1，g_2，…，$g_r \in R$，令

$$I = \left\{ \sum_{i=1}^{r} g_i f_i \mid f_i \in R \right\}$$

显然 I 是 R 的子环，并且满足对任意 $f \in R$，$g \in I$，都有 $gf \in I$，I 是理想.I 是由集合 $G = \{g_1, g_2, \cdots, g_r\}$ 生成的理想，记作 $I = (g_1, g_2, \cdots, g_r)$，显然 $I \subseteq R$. 集合 G 是 I 的**生成元集**.(可以这样理解：理想中的元素有很强的“吸引力”.)

定理 6.1(诺特环) 如果环 R 中所有理想的生成元集合是有限的，那么 R 是诺特环(Noetherian ring).

例 6.4 域是环，域是诺特环.例如$\mathbb{R}$，$\mathbb{C}$，$\mathbb{Q}$，F_2 都是域，也都是诺特环.这是因为域中只有 2 个理想，一个是域本身(1)，另一个是(0).这 2 个理想显然都是有限生成的.

定理 6.2(希尔伯特基定理，Hilbert basis theorem) 如果 R 是诺特环，那么多项式环 $R[x]$也是诺特环.

本章我们关心的是域上的多项式环，由希尔伯特基定理可知，域上多项式环的理想都是有限生成的.

定理 6.3(希尔伯特零点定理，Hilbert nullstellensatz) G 中多项式构成的方程组无解 $\Leftrightarrow 1 \in (G)$.

理想中的元素都可以写成 $g_1f_1 + g_2f_2 + \cdots + g_rf_r$ 的形式.如果 $1 \in (G)$，那么存在 f_1，f_2，…，$f_r \in \mathbb{R}$，使得 $1 = g_1f_1 + g_2f_2 + \cdots + g_rf_r$. 多项式的集合有解，意味着前式的右边可以为零，而前式左边是常数 1，这显然是矛盾的.

从定理 6.3 可以看出，我们需要一种方法来判断某个多项式 f 是否属于理想 I.

回想数论中的一个重要结论：如果 a 和 b 互素，则存在 s 和 t，使得 $1 = sa + tb$. 类似地，可以把 1 写成 G 中多项式的组合.这似乎提示我们把扩展欧几里得算法用到多项式上来.

6.1.2 多项式的序

多项式是若干单项式之和.

定义 6.1(单项式)　向量 $\alpha=(a_1, a_1, \cdots, a_n)\in Z^n_{\geqslant 0}$，定义

$$x^\alpha := x_1^{a1}x_2^{a2}\cdots x_n^{an}$$

从欧几里得多项式长除法可以看出，我们在做除法的时候，总是从“次数最高”的那一个单项式项开始的.所以单项式是有“次序”的.对于一元多项式，我们熟知的排序是：$x^n > x^{n-1} > \cdots > x^2 > x > 1$. 对于多元多项式，这个次序就比较难定义了.例如，xy 和 x^2 两个单项式，哪一个应该排在前面？为了多项式的长除法能进行下去，我们必须定义一种单项式的排序规则.

定义 6.2(全序关系)　满足如下 2 个性质的单项式排序规则称为全序关系（total order，用$>$进行排序).

- 对于任意 $x^\alpha \neq 1$，$x^\alpha > 1$.
- 如果 $x^\alpha > x^\beta$，x^γ 为任意单项式，那么 $x^\alpha x^\gamma > x^\beta x^\gamma$.

满足全序关系的排序规则都是合法的单项式序.由此可见单项式序不止一种，常用的单项式序是：字典序（lexicographical order，lex)，字母次数序（gated lexicographical order，glex)，倒字母次数序(gated reverse lexicographical order，grlex).

例 6.5　在 $K[x]$中，只有一种单项式序：

$$x^d > x^{d-1} > x^{d-2} > \cdots > x > 1$$

定义 6.3　lexicographical order($>_{\text{lex}}$)定义：$\alpha=\{a_1, a_2, \cdots, a_n\}\in Z^n_{\geqslant 0}$，$\beta=\{b_1, b_2, \cdots, b_n\}\in Z^n_{\geqslant 0}$.如果 $\alpha-\beta$ 的最左边的非零项 $\geqslant 0$，则 $x^\alpha >_{\text{lex}} x^\beta$.

例 6.6　因为 $(2, 2, 1)-(2, 1, 2)=(0, 1, -1)$，最左边的非零项为 1，大于 0，所以 $x^{(2, 2, 1)} >_{\text{lex}} x^{(2, 1, 2)}$. 在单项式序在上下文中明确的情况，我们也直接记为 $x^{(2, 2, 1)} > x^{(2, 1, 2)}$.

lex 只是考虑字母顺序，没有考虑单项式的次数. glex 还考虑了单项式的次数，也是一种常用的单项式序.

定义 6.4(次数)　单项式次数(deg)定义：$\alpha=\{a_1, a_2, \cdots, a_n\}\in Z^n_{\geqslant 0}$，单项式 $f=x^\alpha$ 的次数为 $\deg(f)=\sum_i^n(a_i)$.

例 6.7　$\deg(x^2y)=3$，$\deg(x^2y^3z)=6$.

定义 6.5($>_{\text{glex}}$)　令 $\alpha=\{a_0, a_1, \cdots, a_n\}\in Z^n_{\geqslant 0}$，$\beta=\{b_0, b_1, \cdots, b_n\}\in Z^n_{\geqslant 0}$. 如果满足如下 2 个条件之一：

- $\deg(x^\alpha) > \deg(x^\beta)$；
- $\deg(x^\alpha)=\deg(x^\beta)$，并且 $\alpha-\beta$ 的最左边的非零项大于 0.

那么，$x^\alpha >_{\text{glex}} x^\beta$. 在上下文清楚的情况下，也可以简化记作 $x^\alpha > x^\beta$.

例 6.8　给定 glex 单项式序，$x_1^2 > x_1x_2 > x_1x_3 > x_2^2 > x_2x_3 > x_3^2$.

第三种常用的单项式序是 grlex. grlex 和 glex 有相似之处，在实践中应用 grlex 可能

能得到比 glex 更简单的 Gröbner 基.

定义 6.6($>_{grlex}$)　令 $\alpha=\{a_1, a_2, \cdots, a_n\}\in Z_{\geqslant 0}^n$, $\beta=\{b_1, b_2, \cdots, b_n\}\in Z_{\geqslant 0}^n$. 如果满足如下 2 个条件之一：

- $\deg(x^\alpha)>\deg(x^\beta)$；
- $\deg(x^\alpha)=\deg(x^\beta)$，并且 $\alpha-\beta$ 的最右边的非零项<0.

那么，$x^\alpha>_{grlex}x^\beta$. 在上下文清楚的情况下，也可以简化记作 $x^\alpha>x^\beta$.

例 6.9　给定 grlex 单项式序，$x_1^2>x_1x_2>x_2^2>x_1x_3>x_2x_3>x_3^2$.

仔细观察一下，例 6.8 和例 6.9 是有区别的.

有了单项式序的定义，我们就可以把多项式中的各项按照从高到低的顺序写.

定义 6.7　给定单项式序，多项式 f 中最高(在给定序下最大)的单项式称为主导项(leading term)，记作 $\mathrm{LT}(f)$.

例 6.10(默认是 glex 序)　对于多项式 $f(x, y)=x^2y-xy+y$, $\mathrm{LT}(f)=x^2y$.

定义 6.8　$I\in R$ 是一个理想，定义 $\mathrm{LT}(I):=\{\mathrm{LT}(f)\mid f\neq 0, f\in I\}$. $(\mathrm{LT}(I))$表示由 $\mathrm{LT}(I)$生成的理想.

6.1.3　多元多次多项式的除法

多项式的扩展欧几里得除法的基本思路是不断用除式的主导项去消除被除式的主导项.我们可以把这个过程扩展到除式是一个集合的情况，求多项式 f 对一个多项式集合 $G=\{g_1, g_2, \cdots, g_r\}\subset R$ 的余式 r.

定义 6.9(规约，Reduce)　$\mathrm{Reduce}(f, G)$表示 f 除多项式集合 G 得到的余式.

规约的基本思路是选择集合 G 中的多项式作为除式，不断去消除被除式 f 的主导项.

例 6.11(不太好的规约例子)　有多项式 $p=xy^2-x$, $I=(xy-1, y^2-1)$，判断 p 是否在 I 中.

我们可以用规约的方法来判断.

第一个同学采用 $x>y$ 的 lex，选择最小的多项式 y^2-1 来规约，可得

$$p-(y^2-1)x=0$$

显然，p 在 I 中.

第二个同学采用 $x<y$ 的 lex，选择最小的多项式 $xy-1$ 来规约，可得

$$p-(xy-1)y=-x+y$$

然后规约没法进行下去了，第二个同学难以得到 p 在 I 中的结论.

从这个例子可以看出，两个同学使用不同的顺序进行规约得到的结果是不太一样的.这使我们感觉规约的过程非常随机化和经验化，不太像一个科学的方法.

如果 $f \in I=(g_1, g_2, \cdots, g_s)$，那么 $f=\sum_{i=1}^{s} g_i f_i$，其中 $f_i \in R$. 我们希望理想的生成元集 $\{g_1, g_2, \cdots, g_s\}$ 有这样的性质：用生成元集去除 f，扩展欧几里得除法得到的余式为零.

例 6.12(希望的规约)　有多项式 $f=xy^2-y^3+x^2+1$，$I=(x-y, y^2-1)$，判断 f 是否在 I 中.

我们仍然使用规约的方法来判断.

第一个同学先用 y^2-1 来规约，可得

$$
\begin{aligned}
&(y^2-1)x-f=y^3-x^2-x-1=f_1\\
&(y^2-1)y-f_1=x^2+x-y-1=f_2\\
&(x-y)x-f_2=-xy-x+y=1=f_3\\
&(x-y)y+f_3=-y^2-x+y=1=f_4\\
&(y^2-1)+f_4=-x+y=f_5\\
&(x-y)+f_5=0
\end{aligned}
$$

于是 f 在 I 中.

第二个同学先用 $x-y$ 来规约，可得

$$
\begin{aligned}
&(x-y)y^2-f=x^2-1=f_1\\
&(x-y)x-f_1=-xy-1=f_2\\
&(x-y)y+f_2=-y^2+1=f_3\\
&(y^2-1)+f_3=0
\end{aligned}
$$

第二个同学也得到 f 在 I 中的正确结论.

为了让规约的过程像例 6.12 那样具有确定性，先看个比较直观的引理.

引理 6.1　令 $\beta, \alpha_1, \alpha_2, \cdots, \alpha_s \in Z_{\geqslant 0}^n$，$c \in K$，$h_1, h_1, \cdots, h_s \in R$.

$$cx^{\beta}=h_1x^{\alpha_1}+h_2x^{\alpha_2}+\cdots+h_sx^{\alpha_s}$$

当且仅当 cx^{β} 能被某一个 x^{α_i}，$i \in \{1, 2, \cdots, s\}$ 整除.

我们假设 G 生成的理想 I 满足一个“**引入条件**”：$\mathrm{LT}(I)=(\mathrm{LT}(g_1), \mathrm{LT}(g_2), \cdots, \mathrm{LT}(g_s))$. 然后，使用多项式的扩展欧几里得算法，可得

$$f=h_1g_1+h_2g_2+\cdots+h_sg_s+r$$

故

$$r=f-(h_1g_1+h_2g_2+\cdots+h_sg_s) \in I$$

假设 $r \neq 0$，因为 r 是 I 中的元素，所以 $\mathrm{LT}(r) \in \mathrm{LT}(I)$. 根据“引入条件”，$r \neq 0$ 能写成引理 6.1 中的形式.根据引理 6.1，可知，$\mathrm{LT}(r)$ 能够为某个 $\mathrm{LT}(g_i) \in \mathrm{LT}(I)$ 整除，这与 r 是除法余式矛盾.由此可知假设不成立，于是 $r=0$.对于一个 $f \in I$ 的多项式，我们用

$g_1, g_2, \cdots, g_s$ 去除,得到的余式必然为 0.除法得到的结果与除法进行过程没有关系.

由此可见"引入条件" $\mathrm{LT}(I)=(\mathrm{LT}(g_1), \mathrm{LT}(g_2), \cdots, \mathrm{LT}(g_s))$ 非常关键.这个"引入条件"与 Gröbner 基的定义有非常强的联系.

6.1.4　Gröbner 基的定义

定义 6.10　$I \subset R=K[x_1, x_2, \cdots, x_n]$ 是一个理想,给定某一个单项式序.I 中的子集 $G=\{g_1, g_2, \cdots, g_s\} \subset I$ 为 I 的 Gröbner 基的充分必要条件是 $\mathrm{LT}(I)=(\mathrm{LT}(g_1), \mathrm{LT}(g_2), \cdots, \mathrm{LT}(g_s))$.

显然 I 可以用 I 的 Gröbner 基生成.这是因为,如果 $f \in I$,那么使用 Gröbner 基中的元素对 f 进行扩展欧几里得除法,得到的余式必然为零.这说明对于任意的 $f \in I$ 是由这组基生成的.

在 $K[x_1, x_2, \cdots, x_n]$ 环中,理想的 Gröbner 基是否存在? 对于该环任意一个理想,是否存在有限个多项式构成 Gröbner 基?

引理 6.2(戈丹引理)　令 $S \in K[x_1, x_2, \cdots, x_n]$ 为一个单项式的集合.给定一个半序关系:如果 $x^\alpha \mid x^\beta$,那么 $x^\alpha \leqslant x^\beta$. 在给定的半序关系下,$S$ 中的最小项个数是有限的.

考虑理想 $I \in K[x_1, x_2, \cdots, x_n]$,那么 $\mathrm{LT}(I)$就是一个单项式集合.根据戈丹引理,$\mathrm{LT}(I)$中最小项的个数是有限的,不妨令 $S=\{g_1, g_2, \cdots, g_s\}$ 为所有最小项的集合. S 是一个有限的集合,S 中的元素是单项式, $\mathrm{LT}(g_i)=g_i$. 因为 $\mathrm{LT}(I)$中的元素都能被 S 中的元素整除,所以 $\mathrm{LT}(I)=(g_1, g_2, \cdots, g_s)=(\mathrm{LT}(g_1), \mathrm{LT}(g_2), \cdots, \mathrm{LT}(g_s))$. 由此,理想 I 的 Gröbner 基总是存在的.

可以这样理解:Gröbner 基包含了理想中最小的多项式.

6.2　如何计算 Gröbner 基

给定一个理想 $I=(g_1, g_2, \cdots, g_k)$,如何得到 I 的 Gröbner 基? 注意:生成元集合 $\{g_1, g_2, \cdots, g_k\}$能生成 I,但不一定是 I 的 Gröbner 基.

例 6.13　使用 lex, $I=(x^2, xy+y^2)$,从理想 I 的生成元集中,很容易看出 $x^2 \in \mathrm{LT}(I)$, $xy \in \mathrm{LT}(I)$.

证明: 我们做这样的计算来消去主导项:

$$y(x^2)-x(xy+y^2)=xy^2$$

这样得到 xy^2,然而我们不需把 xy^2 加入生成元集合中,因为 $xy \mid xy^2$.

我们把这个新的多项式规约一下:

$$xy^2-y(xy+y^2)=y^3$$

这样得到 $y^3 \in I$，并且 $y^3 \in \mathrm{LT}(I)$. 不过 y^3 不在集合 $\{x^2, xy+y^2\}$ 中.（事实上，只要添加 y^3 到集合 $\{x^2, xy+y^2\}$ 中，该集合就是 I 的 Gröbner 基.）

6.2.1　S-多项式

例 6.13 中，应用扩展欧几里得除法产生了新的多项式 y^3，而 y^3 不能被 $\{\mathrm{LT}(x^2), \mathrm{LT}(xy+y^2)\}$ 中的元素整除，即不满足 $\mathrm{LT}(I)=(\mathrm{LT}(x^2), \mathrm{LT}(xy+y^2))$. 于是，我们把新产生的这个多项式对现有的生成元集合进行规约的余式也加入 I 的生成元集，这样不断进行下去，我们就可以把生成元集变成 Gröbner 基.

定义 6.11　给定两个非零的多项式 $g=ax^A+\cdots$, $h=bx^B+\cdots$，其中，$\mathrm{LT}(g)=ax^A$，$\mathrm{LT}(h)=bx^B$. 定义 $S(g, h)$ 为：

$$S(g, h)=bx^C g-ax^D h$$

其中，$x^C x^A=x^B x^D$，并且 $\gcd(x^C, x^D)=1$. $S(g, h)$ 即为 S-多项式(S-polynomial).

由上述定义可见，欧几里得除法过程中"新产生的多项式"就是一种 S-多项式.

6.2.2　Buchberger 算法

Buchberger 算法计算 Gröbner 基的策略是：初始化 G 为 I 生成元集合. 从 G 中任取两个多项式组合计算 S-polynomial，计算 Reduce(S-polynomial, G)的余式. 如果余式为零，那么就继续取下一个组合. 如果得到一个非零的余式，那么将此余式添加到 G 中.算法结束的时候 G 就成为 I 的 Gröbner 基.这个算法一定会结束，这是因为理想是有限生成的.

虽然 Buchberger 算法一定会结束，不过 Buchberger 算法的时间复杂度没有明确的上界.

```
Input：设{g₁，…，gᵣ}⊂R.
Output：由{g₁，…，gᵣ}生成理想的 Gröbner 基.
Initialization：G={g₁，…，gᵣ}，Pairs={(gᵢ，gⱼ)|1≤i<j≤r}.
While  Pairs={(gᵢ，gⱼ)|1≤i<j≤r} do
  Pop out (gᵢ，gⱼ) from Pairs;
  s:=S(gᵢ，gⱼ)
  r:=Reduce(S，G) if r≠0 then
      Pairs:=Pairs∪{(r，gⱼ)|g∈G};
      G: =G∪r;
  end
return G
```

命题 6.1(Buchberger 算法)　理想 $I \in \mathbb{R}$，令 $G \in I$ 是非零多项式的有限集合.G 是 Gröbner 基的充要条件是对任意的 $g, h \in G$，有 Reduce$(S(g, h), G)=0$.

现在有些计算 Gröbner 基的算法更快，但是都是基于 Buchberger 算法.Gröbner 基显然不是唯一的，可能有些多项式是多余的.

定义 6.12(极小 Gröbner 基)　$G=\{g_1, g_2, \cdots, g_r\}$ 是 Gröbner 基.如果对于所有的 $i \neq j$，LT(g_i)不能整除 LT(g_j)，那么 G 是**极小**的 Gröbner 基.

定义 6.13(自动规约)　$G=\{g_1, g_2, \cdots, g_r\}$ 是极小 Gröbner 基.如果对于所有的 $i \neq j$，LT(g_j)不能整除 g_i 的每个单项式；并且 g_i 是首一的多项式，那么 G 是**自动规约**的 Gröbner 基.

6.3　Gröbner 基的 SageMath 计算

6.3.1　计算 Gröbner 基

例 6.14　计算两个多项式 x^2-z-1 和 z^2-y-1 的 S-polynomial:

```
R.<x, y, z> = PolynomialRing(QQ, 3, order='deglex')
from sage.rings.polynomial.toy_buchberger import spol
spol(x^2 - z - 1, z^2 - y - 1)
```

输出结果：$x^2y-z^3+x^2-z^2$.

例 6.15　给定 $I=(x^2-z-1, z^2-y-1, xy^2-x-1) \in F_2[x, y, z]$，计算 I 的 Gröbner 基.

```
R.<x, y, z> = PolynomialRing(GF(2))
I = R.ideal([x^2 - z - 1, z^2 - y - 1, x*y^2 - x - 1])
set_verbose(0)
gb = I.groebner_basis()
```

输出结果：$[xy^2+x+1, y^3+xz+x+y, y^2z+y^2+x+z+1, x^2+z+1, z^2+y+1]$.

例 6.16　不同单项式序下的 Gröbner 基是不一样的.

```
R.<x, y, z> = PolynomialRing(QQ, 3, order='lex')
I = Ideal([x^2+y+z-1, x+y^2+z-1, x+y+z^2-1])
I.groebner_basis()
```

输出结果：$[x+y+z^2-1, y^2-y-z^2+z, y*z^2+1/2*z^4-1/2*z^2, z^6-4*z^4+4*z^3-z^2]$.

```
R.<x, y, z> = PolynomialRing(QQ, 3, order='deglex')
I = Ideal([x^2+y+z-1, x+y^2+z-1, x+y+z^2-1])
I.groebner_basis()
```

输出结果：$[x^2+y+z-1,\ y^2+x+z-1,\ z^2+x+y-1]$.

例 6.17 曲线方程满足：

$$\begin{cases} x = 2z - 4z^3 \\ y = z^2 - 3z^4 \end{cases}$$

求曲线方程.

```
R.<z, x, y> = PolynomialRing(QQ, 3, order='lex')
I = Ideal([x - 2*z - 4*z^3, y - z^2 - 3*z^4])
I.groebner_basis()
```

输出结果：$[z^2-3/2*z*x+2*y,\ z*x^2-8/9*z*y+2/9*z-4/3*x*y-1/9*x,\ z*x*y+1/12*z*x-1/8*x^2-4/3*y^2+1/3*y,\ z*y^2-1/6*z*y-1/48*z-9/64*x^3+5/8*x*y+1/96*x,\ x^4-16/3*x^2*y+4/27*x^2-256/27*y^3+128/27*y^2-16/27*y]$.

注意输出的最后一项只是关于 x 和 y 的多项式，直接推导出这个结果还是有点难度的.这里把 z 写在前面，是希望尽可能消去 z.

6.3.2 Gröbner 基的应用

Gröbner 基可以看作线性方程组的高斯消去法的非线性推广，因此它们具有非常广泛的适用性.以下是 Gröbner 基的一些典型应用.

- 自动几何定理证明；
- 编码、解码理论；
- 信号处理和图像处理；
- 机器人；
- 图着色问题、数独问题等数学问题.

1. 顶点着色问题

顶点着色是图论的经典问题.一个图 $G=(V, E)$，如果能用 k 种颜色给顶点着色，使得相邻顶点的颜色各不相同，那么图 $G=(V, E)$ 是可以 k 着色的.如图 6-1 所示，左边的图是可以 3 着色的，右边的图是可以 2 着色的.Gröbner 基可以用于判断图是否可以 k 着色，如果是，还能给出着色方案.

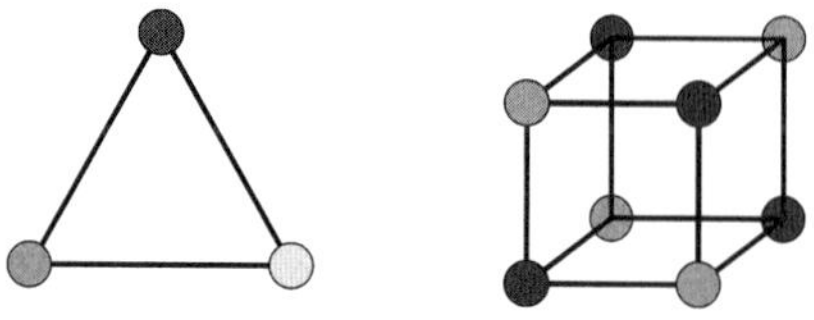

图 6-1 顶点着色

例 6.18　求解图 6-2 的左边部分是否可以 3 着色.

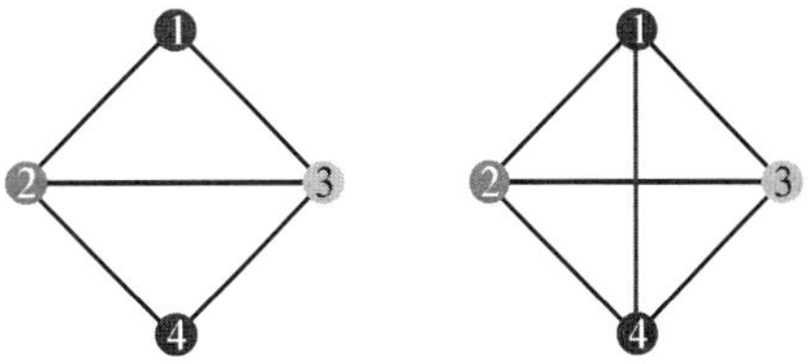

图 6-2　例 6.18 图

解：该图有 4 个顶点.我们用 $x^k=1$ 的 k 个根来表示 k 种颜色，这里 $k=3$.定义 4 个变量 x_1, x_2, x_3, x_4 分别表示每个顶点的颜色(即单位元的某个 k 次根).

因为每个顶点都有一种颜色，所以 $x_i^3-1=0$.

由于相邻顶点不能有同一种颜色，假设 2 个相邻顶点的颜色分别是 x 和 y，那么下式

$$\frac{x^k-y^k}{x-y}=x^{k-1}+x^{k-2}y+\cdots+xy^{k-2}+y^{k-1}=0$$

就能代表 $x^k=y^k$，并且 $x\neq y$. 于是可得如下代码：

```
R.<x, y, z, w> = PolynomialRing(QQ, 4, order='deglex')
I = Ideal([x^3-1, y^3-1, z^3-1, w^3-1, x^2+x*y+y^2, x^2+x*z+
z^2, y^2+y*z+z^2, y^2+y*w+w^2, z^2+z*w+w^2 ])
I.groebner_basis()
```

输出结果：$[w^3-1,\ z^2+z*w+w^2,\ x-w,\ y+z+w]$.单位元的 3 次根 $\omega=\exp(2\pi i/3)=(-1+\sqrt{3}i)/2$，从结果可以看出，$w=x=\omega$, $y=\omega^2$，$z=\omega^3$ 就是一种着色方案.

如果在图 6-2 左图中加一条边，变成右图，右图是全图.4 个顶点的全图显然不能 3 着色.写成代码：

```
R.<x, y, z, w> = PolynomialRing(QQ, 4, order='deglex')
I = Ideal([x^3-1, y^3-1, z^3-1, w^3-1, x^2+x*y+y^2, x^2+x*z+
z^2, x^2+x*w+w^2, y^2+y*z+z^2, y^2+y*w+w^2, z^2+z*w+w^2 ])
I.groebner_basis()
```

输出结果：[1].根据定理 6.3，无解.

2. 几何定理证明

用 Gröbner 基也可以证明平面几何问题，例如阿波罗尼奥斯定理(Apollonius theorem).这可以看作几何和代数的联系——解析几何.

定理 6.4(阿波罗尼奥斯定理)　如图 6-3 所示的直角三角形 ABC 中，H 是从点 A 到线段 BC 的垂足，L, K, M 分别是边 AC, AB, BC 的中点.那么 H, L, K, M 4 个点在同一个圆上.

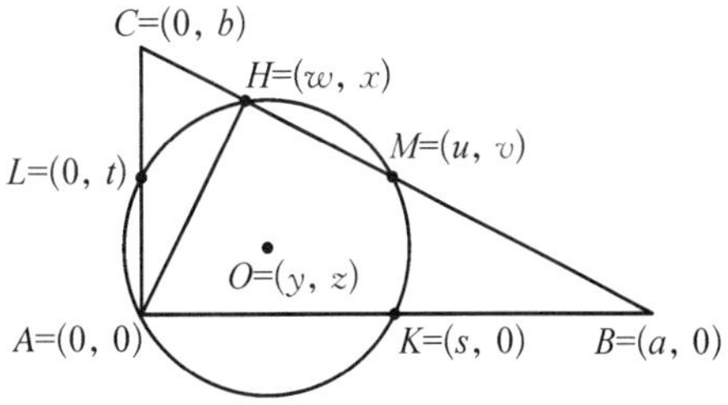

图 6.3　阿波罗尼奥斯定理

我们用多项式的代数方程来描述这个问题.令点 A 为$(0, 0)$,点 B 为$(a, 0)$,点 C 为$(0, b)$,点 K 为$(s, 0)$,点 L 为$(0, t)$,点 M 为(u, v),圆心为(y, z).用 f_i 表示以(a, b, c, d, s, t, u, v)为变量的多项式,根据已知条件,可以得到如下的多项式.

因为 L, K 是中点,所以

$$f_1=2s-a=0,\ f_2=2t-b=0$$

因为 M 是中点,所以

$$f_3=2u-a=0,\ f_4=2v-b=0$$

因为 AH 和 BC 相互垂直,$(w, x)\cdot(-a, b)=0$, 所以

$$f_5=-wa+xb=0$$

因为 B, C, H3 点在同一条直线上,根据斜率计算公式:

$$f_6=wb+xa-ab=0$$

随机的 4 个点不一定在同一个圆上.3 个点可以确定一个圆,于是我们用 K, L, M 确定一个圆,然后证明 H 在该圆上. 因为 K, L 在圆上,所以

$$f_7=(s-y)^2+z^2-y^2-(t-z)^2=0$$

因为 K, M 在圆上,所以

$$f_8=(s-y)^2+z^2-(u-y)^2-(v-z)^2=0$$

最后,我们的结论是 H 也在圆上:

$$g=(s-y)^2+z^2-(w-y)^2-(x-z)^2=0$$

我们需要证明 $f_1, \cdots, f_8 \rightarrow g$.

引理 6.3　p 是任意变元.如果 1 属于 $\{f_1, f_2, \cdots, f_n, 1-pg\}$ 构成理想的 Gröbner 基,那么 g 是$\{f_1, f_2, \cdots, f_n\}$的推理结论.

引理 6.3 中 p 是任意变元,在 $1-pg$ 这个多项式中,可以把 p 看作自由变元.如果 g 是$\{f_1, f_2, \cdots, f_n\}$的推理结论,$1-pg$ 就不会为零.

于是我们可以有如下代码:

```
R.<a, b, p, s, t, u, v, w, x, y, z> = PolynomialRing(QQ, 11, order='lex')
I = Ideal([2*s - a, 2*t - b, 2*u-a, 2*v - b, a*w - b*x, b*w +
a*x - a*b, (s-y)^2 + z*2 - y*2 - (z-t)^2, (s-y)^2 + z*2 - (u-y)^
2 - (v-z)^2, (w - y)^2 + (x-z)^2 - (s-y)^2 - z*2, 1 - p*((w - y)^
2 + (x-z)^2 - (s-y)^2 - z*2)])
I.groebner_basis()
```

输出结果：[1]，根据引理 6.3 得证.

3. 小指数 RSA 算法攻击

例 6.19　两个不同的明文 x，y 通过 RSA 算法加密后的密文 $c1$，$c2$ 已知，公钥比较小（例如 3），同时两个明文存在线性关系 $y - 23x = 99$，求明文.

解：代码如下.

```
n = 3550124581007222891367236701017224234706068455652330323553 935
4129635298141575478801031308635247761064541784618194533 893631338138562
929323271122990587158789

c1 = 5445499167137528964884070031340986488239663807827124682854459
50 76014376310939650021896911640074496116687809857938838496068778 39709
355094799525453839055472

c2 = 10063684967535762831843230344378382796752167590864022080926 66
04324132723909280388441544530953524665778425064531403024332 90958056222
027517425161695776508883
R.<x，y> = Zmod(n)[]
I = ideal(x^3 - c1，y^3 - c2，y - 23 * x - 99)
res = I.groebner_basis()
print(res)
```

输出：

```
[x + 3550124581007222891367236701017224234706068455652330323553 93
5412963529814157547880103130863524776106450346348918388167104 35373806
64007010267700669680728456，

y + 35501245810072228913672367010172242347060684556523303235539 35
4129635298141575478801031308635247761063660398650949532774111 92070688
7716124192409609739261031]
```

例 6.20　红帽杯题目：3 个不同的明文 x，y，z 通过 RSA 算法加密后的密文 c_1，c_2，c_3 已知，公钥比较小（例如 17），同时 3 个明文存在某种代数关系（例如 3 者之和是常数 $x + y + z = s$），求明文.

解：代码如下：

```
n = 160849237602641690994843533179529793483618558609352561574020 27
98334945702176761433217315404420696701525210510911528992068565 7394517
879177103414348487477378025259589760996270909325371731433 876289897874
```

```
69215482423688118215600080695840300550673289182 3555324800528934757672
719379501318525189471726279397236710401497 352477683714139039769105043
4116544934426962894999675212229519458 23233371845110807469944602345293
06834657463027353987011615881755 6523565199093874587097230314166365220
290730937380983228599414137
341498205967870181640370981402627360812251649
    s = 280513550110197745829890567436265496990
    c1 = 10607235400098586699994392584841806592000660816191315008947 91
77736054763658845720565446214668076362374158931929669356515903 1223759
836624752098666758017443823259169236989470242337708161382 124134330709
4343575042030793561183024884018881975176253339237101 72738913771484628
55731016497438446285604706548691304664713338624 6976457961265115349103
039946802386897315176633274295410371986422 039106745216230401123542863
714301114753239888204421125382851948 75243192862692290859625788686421
27623444567741128060626605205957 9743874849594812733193363406594409214
632722438592376518310171297 234081555028727538951934761726878443311071990
    c2 = 26653480759528366654553233508918427819384713729438961779480 46
90112764821778065753296306322878023020332537893105329361743475 4585479
452556620021360669764370971665619743473463613391689402725 053682169256
8508737527062523797477525520153413797025820404976071 80172854652311649
46787871442569867614221258838008036110052661442 3533767196749274741380
258842904968147508033091819979042560336703 564128279527380969385330845
7599986575407773391135190365524548293 23666242269607225156846084705957
13112772035186848337513877302560 2253783595007177712673092409157674720
974653789039702431795168654 387038080256838321255342848782705785524911705
    c3 = 48812257138954141518306852592887409814246624002488970863651 66
64385340994781865450969229925096093851140017827641692966875774 6679501
254041354795468626916196040017280791985239849062273782179 873724736552
1980832112505611920594487305455004429815347684310238 58984817288359193
66314441775384719686856547691904128201048425963 0583394963580424358743
754334956833598351424515229883148081492471 874232555456362089023976929
7665303713208766519408552972494744385 64801349160584279330339012464716
19780622121676518015423394929799 9618011342678854874769762792918534509
941727751433687189532019000 334342211838299512315478903418642056097679717
    R.<x, y, z> = Zmod(n)[]
```

```
I = ideal(x + y + z - s, x^17 - c1, y^17 - c2, z^17 - c3)
res = I.groebner_basis()
print(res)
```

输出：

```
[x + 16084923760264169099484353317952979348361855860935256157402 027
9833494570217676143321731540442069670152521051091152899206856 57394517
87917710341434848747737802525958976099627090932537173143 3876289897874
303733424115117776042592359041482059737708721396118 254756778152435821
6921548242368811821560008069584030055067328918 23555324800528934757672
71937950131852518947172627939723671040149 7352477683714139039769105043
411654493442696289499967521222951945 823233371845110807469944602345293
0683465746302735398701161588175 56523565199093874587097230314166365220
29073093738098322859941413 734149813765600053721156 561627640716573063
2699,
 y + 160849237602641690994843533179529793483618558609352561574020 279
8334945702176761433217315404420696701525210510911528992068565 73945178
79177103414348487477378025259589760996270909325371731433 8762898978743
037334241151177760425923590414820597377087213961182 547567781524358216
9215482423688118215600080695840300550673289182 35553248005289347576727
19379501318525189471726279397236710401497 3524776837141390397691050434
116544934426962894999675212229519458 232333718451108074699446023452930
6834657463027353987011615881755 65235651990938745870972303141663652202
90730937380983228599414137 341498129910188939072517737868873227804201884,
 z + 160849237602641690994843533179529793483618558609352561574020 279
8334945702176761433217315404420696701525210510911528992068565 73945178
79177103414348487477378025259589760996270909325371731433 8762898978743
037334241151177760425923590414820597377087213961182 547567781524358216
9215482423688118215600080695840300550673289182 35553248005289347576727
19379501318525189471726279397236710401497 3524776837141390397691050434
116544934426962894999675212229519458 232333718451108074699446023452930
6834657463027353987011615881755 65235651990938745870972303141663652202
90730937380983228599414137 341498069823870958439283760172034252636423374]
```

第7章

椭圆曲线

椭圆曲线可以在很多不同的代数空间上定义，在本章中我们使用$\mathbb{R}$，因为$\mathbb{R}$上的椭圆曲线有直观的几何表示.不过实际应用于密码的椭圆曲线大部分定义在有限域上.

7.1 椭圆曲线群

定义 7.1 在域 K 上定义的椭圆曲线 $E(K)$ 是满足如下长魏尔斯特拉斯(Weierstrass)方程的点，再加上一个无穷远点 P_∞.

$$y^2+a_1xy+a_3y=x^3+a_2x^2+a_4x+a_6$$

其中，a_i 是域K 中的元素.

长魏尔斯特拉斯方程的参数挺多，观察一下方程的形式，如果用换元法，将 y 换成 $y-(a_1x+a_3)/2$，长魏尔斯特拉斯方程可以转换成 $y^2=x^3+Ax^2+B^x+C$ 的形式，其中，A，B，C 是参数.换元的过程有除以 2 的项，因此 K 的特征不能为 2.我们还可以继续换元，把方程转换成更简洁的形式.

当域 K 的特征不为 2 或者 3 时，长魏尔斯特拉斯方程可以转换成如下的简化形式：

$$y^2=x^3+ax+b$$

其中，a，b 是域K 中的元素.

椭圆曲线应用于密码问题，还需简化形式方程满足

$$\Delta=4a^3+27b^2\neq 0$$

7.1.1 点加法

对于满足方程 $y^2=x^3+ax+b$ 的所有点(x, y)以及一个无限远点 $O=P_\infty$，定义“点加法”是这样的映射：$E(K)^2\to E(K)$.

“点加法”分为两种情况(见图 7-1)：$P+Q$(即 $P\neq Q$ 的情况)和 $2P$(即 $P=Q$ 的情况).几何上的解释是过 P 和Q 两点做一条直线，交椭圆曲线于第三点，第三点沿着水平

轴的对称点就是 $P+Q$.对于 $2P$ 的情况,可以理解为 P 和 Q 两点无限接近,这时过 P 和 Q 两点的割线变成了过 P 点的切线,切线交椭圆曲线于第三点,第三点沿着水平轴的对称点就是 $P+Q$,即 $2P$.

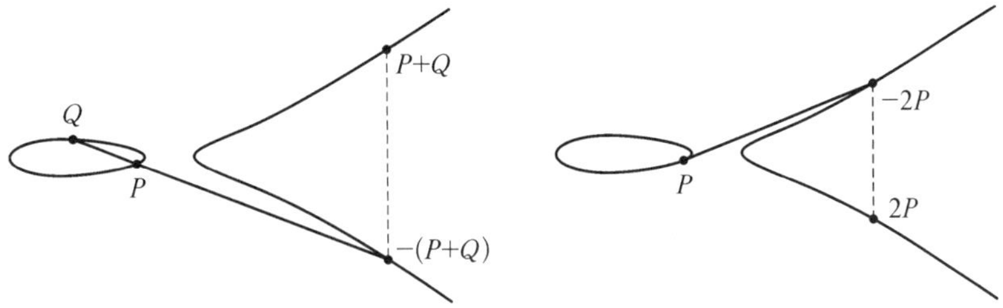

图 7－1　点加法

P 点坐标为(x_0, y_0),Q 点坐标为(x_1, y_1),计算 $P+Q$,其中 $P \neq Q$,可以按如下步骤计算.

(1) 如果 P 和 Q 中有一个为零点 O.例如 $P=O$,那么 $P+Q=Q$.或者如果 $Q=O$,那么 $P+Q=P$,得到结果返回.

(2) 如果 $x_0=x_1$,那么 $P+Q=O$,得到结果返回.

(3) 如果 $x_0 \neq x_1$,计算如下:令 $s=(y_0-y_1)/(x_0-x_1)$,$x_2=s^2-x_0-x_1$,$y_2=s(x_0-x_2)-y_0$,那么 $P+Q$ 点的坐标是(x_2, y_2).

最复杂的情况下,计算需要 2 个乘法,6 个加/减法,1 个除法(在椭圆曲线定义的域上).

P 点坐标为(x, y),计算倍点 $2P=P+P$,可以按如下步骤计算.

(1) 如果 $P=O$ 或者 $y=0$,那么 $2P=O$.

(2) 令 $s=(3x^2+a)/(2y)$,$x_2=s^2-2x$,$y_2=s(x-x_2)-y$,于是可得 $2P$ 的坐标为(x_2, y_2).

最复杂的情况下,计算需要 6 个乘法,4 个加/减法,1 个除法(在椭圆曲线定义的域上).

7.1.2　群结构

命题 7.1　椭圆曲线在点加法下构成群.

在$\mathbb{R}$上的椭圆曲线有非常直观的几何意义,很好理解.在 F_p 上的椭圆曲线是离散化的点,失去了明确的几何意义,稍微难理解一点,不过应用广泛.另外还有$\mathbb{Q}$,$\mathbb{C}$,$\mathbb{Z}$上的椭圆曲线也很难有直观的几何解释,更难以理解,也是椭圆曲线研究的热点之一.

7.2　椭圆曲线离散对数问题

公钥密码算法都需要一个计算上困难的问题.椭圆曲线计算上的困难问题是椭圆曲

线离散对数问题(elliptic cune discrete logarithm problem, ECDLP).

定义 7.2 G 是群，g，$h \in G$，且 $h \in \langle g \rangle$，满足 $h = g^e$ 的最小正整数 e 称为 h 关于 g 的**离散对数问题**(discrete logarithm problem, DLP).

例 7.1 离散对数问题是否困难问题？这个问题与定义的群有关系，也与 g 的阶有关系. 例如模整数的加法群中，离散对数不是困难问题.

例 7.2 在中学课程中，在实数域上求对数，即在群(R, $*$)上求对数，不是困难问题.

考虑到在密码学上的应用，经典的离散对数困难问题是模素数的乘法群 F_p^* 上的离散对数问题. g，$h \in F_p^*$，且 $h \in \langle g \rangle$，求最小正整数 e 满足 $h = g^e$.

Pomerance 指出有限素域乘法群中离散对数问题有亚指数时间算法. 目前在 F_p^* 上最快的算法的复杂度是：

$$O(e^{c\sqrt[3]{(\log p)(\log\log p)^2}})$$

这种复杂度被称为亚指数时间. 显然亚指数时间比指数时间快，比多项式时间慢.

这也促使人们寻找离散对数问题超过亚指数时间算法的群. 对于密码应用来说，最好能找到指数时间的困难问题. 这也是 Koblitz 研究椭圆曲线群的原因.

定义 7.3 $E(F)$是椭圆曲线群，P，$Q \in E(F)$，且 $Q \in \langle P \rangle$，满足 $Q = m \cdot P$ 的最小正整数 m 称为 Q 关于 P 的**椭圆曲线离散对数问题**. P 点常被称为基点，Q 点常被称为目标点.

椭圆曲线离散对数问题截至 2006 年没有亚指数时间的解决算法. 当然，椭圆曲线离散对数问题的难度与具体椭圆曲线定义也有关系.

例 7.3 当 $\# E(F_p) = p$ 时，存在一个“p-adic 对数”映射，该映射构成 $E(F_p)$ 到 $(\mathbb{Z}_p, +)$ 的同构：

$$\log_{\text{p-adic}}: E(F_p) \to (\mathbb{Z}_p, +)$$

这时椭圆曲线离散对数问题就可以转换为在$(\mathbb{Z}_p, +)$上的离散对数计算. 而$(\mathbb{Z}_p, +)$上的离散对数不是困难问题. 注意：$(\mathbb{Z}_p, +)$是模 p 的加法群.

7.2.1 穷举和碰撞

最简单的求解椭圆曲线离散对数问题的方法就是穷举法：给定基点 P 和目标点 Q，随机选择 m_1，m_2，m_3，…，计算 m_1P，m_2P，m_3P，…，直到得到期望的结果. 穷举法的复杂度是 $O(p)$，因为 $\# E(F_p) = O(p)$.

穷举的方法可以优化一下，变成碰撞法：随机选择 m_1，m_2，m_3，…，计算 2 个列：

列 1：m_1P，　m_2P，　m_3P，…

列 2：$Q - m_1P$，　$Q - m_2P$，　$Q - m_3P$，…

直到两个列中有相同元素为止(发生碰撞).根据生日悖论,算法只需进行大概 $O(\sqrt{p})$ 步,就有超过一半的概率发生碰撞.

7.2.2 Pollard Rho 算法

碰撞法的时间复杂度是 $O(\sqrt{p})$,由于需要存储 2 个长度为 $O(\sqrt{p})$ 的列,所需的空间也为 $O(\sqrt{p})$.时间可以慢慢等,但是空间复杂度太高,程序在有限状态机上没法运行. Pollard Rho 算法对空间复杂度进行了改进. Pollard Rho 算法是 John Pollard 在 1975 年提出的,用于解决一般的离散对数问题.

下面描述 Pollard Rho 算法. 将椭圆曲线群 $E(F_p)$ 上的点划分为 3 个集合 S_1, S_2, S_3,满足 $E(F_p)=S_1 \cup S_2 \cup S_3$,每个集合的大小基本一致.划分的方法可以自定,例如将点的横坐标 x 所在的范围划分为 3 部分.

选择一个随机整数 α,计算初始点 $A_0=\alpha P$.

定义函数 f: $E(F_p) \to E(F_p)$,

$$A_{i+1}=f(A_i)=\begin{cases} A_i+P, & A_i \in S_1 \\ 2A_i, & A_i \in S_2 \\ A_i+Q, & A_i \in S_3 \end{cases}$$

我们可以通过函数 f 定义一个点序列 A_0, A_1, A_2, …函数 f 的第一种情况可以看作是小步走,第二种情况是大步走,第三种情况是让 P 和 Q 一起走.分为 3 种情况,可以让点序列尽量随机.该序列中的每个点都可以表示为 $A_i=a_iP+b_iQ$ 的形式.

由于 $E(F_p)$ 中点的数量是有限的,最终这个点序列中一定存在 2 个点 $A_i=A_j$. 我们说两点 A_i 和 A_j 相遇了,从相遇之后,后续的点都满足 $A_{i+k}=A_{j+k}$, $(k \geqslant 0)$. 因此点序列如图 7-2 所示,这也是算法名称 Pollard-ρ 的来历,因为点序列像字母 ρ.

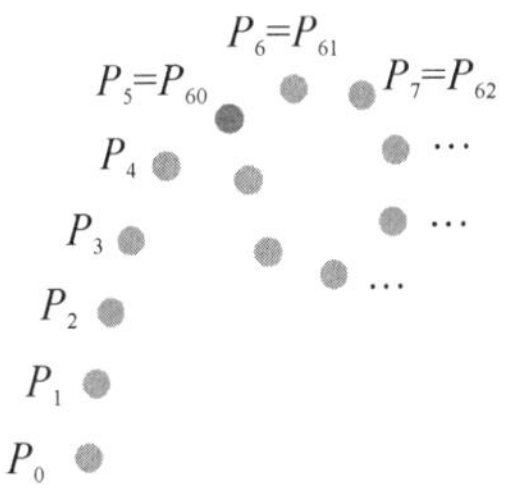

图 7-2　点序列

当 A_i 和 A_j 相遇时, $A_i=a_iP+b_iQ$, $A_j=a_jP+b_jQ$, 于是

$$a_iP+b_iQ=a_jP+b_jQ$$

稍做变化:

$$\frac{a_i-a_j}{b_j-b_i}P=Q$$

令点 P 的阶为 n,即 $n=o(P)$.当 $\gcd(b_j-b_i, n)=1$ 时,我们就能求出椭圆曲线离散对数问题.当 $\gcd(b_j-b_i, n)\neq 1$ 的时候,也能计算,只是计算量要稍微大一点.

不过要找到相遇的点,我们还需要把点序列存储下来,需要的空间还是 $O(\sqrt{p})$.

我们考虑一种“特殊相遇”的情况：$A_i = A_{2i}$. 这种“特殊相遇”是否存在？由于 A_i 和 A_j 相遇之后，后续的点都满足 $A_{i+k} = A_{j+k}(k \geqslant 0)$. 不妨考虑 $k = j - 2i$ 并且 $k \geqslant 0$ 的情况，这时 $A_{i+j-2i} = A_{j+j-2i}$，即 $A_{j-i} = A_{2(j-i)}$，说明“特殊相遇”情况也是一定存在的.

综上，Pollard - ρ 算法的工作大致如下.

Input：P，Q.

Output：m，满足 $Q = mP$.

Initialization：计算点对(A_1, A_2).

While：直到“特殊相遇” do.

已知(A_1, A_2)，计算 $(A_{i+1}, A_{2(i+1)}) = (f(A_i), f(f(A_{2i})))$.

end

return：计算 m 并返回.

以上对 Pollard - ρ 算法的描述是一个简化的版本，实际上还要考虑 $j - 2i < 0$ 的情况，有兴趣的读者可以阅读相关参考文献.

7.3 椭圆曲线的阶

$E(F_p)$是常用的椭圆曲线，群 $E(F_p)$显然是有限的.横坐标 x 可能有 p 个不同的值.对于 x 的每个值，如果 $x^3 + ax + b$ 是一个完全平方数，那么方程有解，对应两个椭圆曲线的点(有重根的时候是一个点).因此，群 $E(F_p)$中最多有 $2p+1$ 个点(加上一个零点).F_p 中的数是完全平方数的概率约是 1/2，故群 $E(F_p)$的点的个数约是 $p+1$.

例 7.4 椭圆曲线方程 $y^2 = x^3 + x + 1$，定义在域 F_{23}上，该椭圆曲线的阶为 28.

```
ec = EllipticCurve(GF(23), [0, 0, 0, 1, 1])
od = ec.order()
print(od)
```

生成椭圆曲线的时候需要知道椭圆曲线阶的确切值.最简单的方法是穷举出椭圆曲线群中的所有元素，穷举计算的复杂度是 $O(p)$.穷举虽然简单，但是计算起来一点儿都不简单.

例 7.5 椭圆曲线方程 $y^2 = x^3 + x + 61$，定义在域 F_p 上，$p = 10^{77} + 21$，该椭圆曲线的阶为 100000000000000000000000000000000000000613196722711727187812910225277803876O3，是一个足够大的素数.

```
ec = EllipticCurve(GF(10 * * 77 + 21), [0, 0, 0, 1, 61])
od = ec.order()
```

```
print(od)
print(od in Primes())
```

7.3.1　哈塞定理

我们已有的观察结论：椭圆曲线元素个数比较接近 $p+1$. 但是到底有多接近？哈塞定理(Hasse theorem)给出了椭圆曲线中元素个数和近似值之差的界.

定理 7.1(哈塞定理)　$\#E(F_p)$表示椭圆曲线的阶(即椭圆曲线点的个数).那么，

$$|\#E(F_p)-(p+1)|\leqslant 2\sqrt{p}$$

7.3.2　椭圆曲线阶的计算

哈塞定理只是给出了椭圆曲线阶的大致范围，这是不够的，在实际应用中，我们需要椭圆曲线阶的准确值.

1. 穷举法

有了哈塞定理之后，穷举的范围缩小了很多，从 $O(p)$的范围，缩小到了 $O(\sqrt{p})$的范围.

2. Schoof 算法

1985 年 René Schoof 提出的 Schoof 算法计算椭圆曲线阶的复杂度是$O(\log(n)^8)$，利用 Schoof 算法，人们终于可以构造出密码学所需的椭圆曲线. Elkies 对 Schoof 算法进行了一定的改进，形成了 Schoof-Elkies-Atkin (SEA) 算法，是截至 2020 年最快的计算椭圆曲线阶的算法.

7.3.3　椭圆曲线离散对数问题的构造

选定椭圆曲线之后，利用 Schoof 算法计算出椭圆曲线的阶 n，然后找一个随机基点 P 构造椭圆曲线离散对数问题.我们希望基点 P 的阶是一个大的素数.

例 7.6　椭圆曲线方程 $y^2=x^3-x+3$，定义在域 F_{37}上，由 Schoof 算法可以计算该椭圆曲线 $E(F_{37})$的阶为 42.由拉格朗日定理可知，该椭圆曲线上点的阶整除群的阶.所以点的阶只能是 $d=1,\ 2,\ 3,\ 6,\ 7,\ 14,\ 21,\ 42$.

假设基点 $P=(2,\ 3)$，我们可计算得 $P\neq 0,\ 2P\neq 0,\ 3P\neq 0,\ 6P\neq 0, 7P=0, \cdots$ 于是可知 P 的阶是 7.

从上一个例子的计算可以看出，如果先找到随机的基点，然后计算基点的阶，那么基点的阶到底是多少，有点随机性.于是构造椭圆曲线离散对数问题的时候，我们采用这样的思路：先找到一个合适的阶 m，m 是足够大的素数，然后找到阶为 m 的点作为基点.步骤如下.

(1) 计算椭圆曲线的阶 n.

(2) 选择 n 的一个合适素数因子 m.

(3) 计算 $h=n/m$.

(4) 选择一个随机点 P.

(5) 计算 $G=hP$.

(6) 如果 $G=0$ 返回第(4)步;如果 $G\neq 0$,那么 G 就是阶为 m 的基点.

显然 $mG=mhP=nP=0$,于是 $o(G)|m$.而 m 是一个素数,所以 $o(G)$只能为 1 或者 m.当 $G\neq 0$ 时,$o(G)=m$.

7.4 椭圆曲线的具体实现

基于椭圆曲线的公钥算法已经成为互联网安全的基石,广泛应用于各种安全通信过程中.椭圆曲线的实现效率也是备受关注的问题.椭圆曲线算法取代 RSA 算法的一个重要原因之一就是相同安全等级下,计算速度快.

7.4.1 *nP* 的计算

nP 表示 n 个 P 加起来(椭圆曲线的加法).nP 的计算是椭圆曲线密码的基本计算,决定了椭圆曲线密码的效率.nP 的计算不需要进行 n 个加法,“double and add”算法只需要 $O(\log n)$个加法.

例 7.7 假设 $n=151$,其二进制表示为10010111_2,即

$$151=2^7+2^4+2^2+2^1+2^0$$

那么,

$$151P=2^7P+2^4P+2^2P+2^1P+2^0P$$

于是我们可以先计算 2^0P, 2^1P, 2^2P, … 大约只需要 $O(\log n)$个加法.然后将 n 的二进制表示中不为零的对应的 2^iP 加起来,大约只需要 $O(\log n)$个加法.所以整个算法的复杂度是 $O(\log n)$个加法.

计算出 2^0P, 2^1P, 2^2P, …之后, 所需的乘法个数大致就是 n 的二进制表示非零位的个数. 从概率来看,n 的二进制表示大约有一半是 1,一半是 0.

为了进一步减少乘法的个数,可以把 n 表示为三进制展开(ternary expansion):

$$n=n_0\cdot 2^0+n_1\cdot 2^1+n_2\cdot 2^2+\cdots+n_r\cdot 2^r$$

其中, $n_i\in\{-1, 0, 1\}$. 考虑椭圆曲线的对称性,$-P$ 的计算开销非常小.n 的三进制展开中平均有 2/3 的位是 0,这样可以进一步减少乘法个数.

例 7.8　假设 $n=127$，其二进制表示为 1111111_2，三进制展开可以表示为

$$127=2^7-2^0$$

三进制展开即为 $(+1)000000(-1)_{\text{ter}}$.

7.4.2　射影空间的计算

椭圆曲线的点加法计算中最耗时的是在 F_p 中求逆元(除法). 回想一下 F_p 上的椭圆曲线计算，两个不同点相加($P+Q$)需要计算一次除法，2 倍点计算($2P$)也需要计算一次除法.计算 nP，大概需要计算 $\log(n)$ 个除法.

在仿射空间(affine space)中，点直接使用(x, y)坐标，在射影空间(projection space)中，点改为用三元组(X, Y, Z)表示，其中，$x=X/Z$，$y=Y/Z$，这意味着$(x, y)=(X, Y, 1)$. 如果我们把椭圆曲线点坐标从仿射空间转换到射影空间，那么可以“延迟”除法计算，从而尽量减少除法，提高计算效率，实现得当，可以有 10 倍左右的效率提升.

下面以点倍乘为例，在仿射空间中，$y=0$ 的情况，对应到射影空间中，也是 $y=0$(因为 $z\neq 0$). 这里只讨论真正一般情况下的计算部分.P 点射影空间的坐标(x, y, z)，其中 $y\neq 0$. 下面按照仿射空间中的计算方法来推导射影空间的计算.

$$s=\frac{3\,(x/z)^2+a}{2(y/z)}=\frac{3x^2+az^2}{2yz}$$

令 $t=3x^2+az^2$，$u=2yz$，则 s 可以表示为 $s=\dfrac{t}{u}$.

继续代入求 x_2(注意 x_2 是仿射坐标)：

$$\begin{aligned}x_2&=s^2-2\,\frac{x}{z}=\left(\frac{t}{u}\right)^2-2\,\frac{x}{z}\\&=\frac{t^2}{u^2}-\frac{4uxy}{u^2}=\frac{t^2-4uxy}{u^2}\end{aligned}$$

令 $v=2uxy$，$w=t^2-2v$，则 x_2 可以表示为 $x_2=\dfrac{w}{u^2}=\dfrac{wu}{u^3}$.

再继续代入求 y_2(注意 y_2 是仿射坐标)：

$$\begin{aligned}y_2&=s\left(\frac{x}{z}-x_2\right)-\frac{y}{z}=\frac{t}{u}\left(\frac{x}{z}-\frac{w}{u^2}\right)-\frac{y}{z}\\&=\frac{t(v-w)}{u^3}-\frac{y}{z}=\frac{t(v-w)}{u^3}-\frac{2u^2y^2}{u^3}\\&=\frac{t(v-w)-2(uy)^2}{u^3}\end{aligned}$$

比较一下，可以发现 x_2 和 y_2 的分母相同，于是，我们可把仿射空间 $2P$ 的坐标

(x_2, y_2)转换为射影空间坐标$(wu, t(v-w)-2(uy)^2, u^3)$. 到此,计算射影空间中的$2P$没有用到一次除法.然后继续计算$4P, 8P, 16P, \cdots$,运气好的话,不用一次除法. 不过,最终转换到仿射坐标的时候,还是需要计算除法的.因此在射影空间中计算,可以"延迟"除法计算,从而减少除法次数.

7.4.3 选择合适的 *p*

椭圆曲线的点坐标是有限域F_p或者F_{p^n}中的元素.以有限域F_p为例,F_p上需要用到 mod p 计算,尽管 mod p 可以用欧几里得除法快速计算,不过选择合适的 p 可以进一步加快 mod p 的计算速度.

1. 梅森素数

如果 p 是梅森素数的形式,即 $p=2^k \pm 1$,计算 $c \bmod p$.可以把 c 写成 $c=c_1 2^k + c_0$ 的形式,于是,

$$c=c_1 2^k + c_0 = c_1 2^k \pm c_1 \mp c_1 + c_0 = c_1(2^k \pm 1) \mp c_1 + c_0 = c_0 \mp c_1 \bmod p$$

虽然梅森素数有无限多个,但是在密码学常用的整数范围中,梅森素数不多.这种计算方法可以推广到伪梅森素数.

2. 伪梅森素数

如果 p 是伪梅森素数的形式,即 $p=2^k \pm \alpha$,其中 α"很小",计算 $c \bmod p$.仍然可以把 c 写成 $c=c_1 2^k + c_0$ 的形式,于是,

$$c=c_1 2^k + c_0 = c_0 \pm \alpha c_1 \bmod p$$

例 7.9 Curve25519 是曾经很快速的椭圆曲线实现,定义在有限域 $GF(2^{255}-19)$,即 $F_{2^{255}-19}$ 上, 这也是 Curve25519 名字的来历.

3. 广义梅森素数

现美国国家标准及技术协会(National Institute of Standards and Technology, NIST)建议的素数有这样的形式: $p=f(2^k)$,其中,$f \in F_2[x]$,即 f 是系数在 F_2 上的多项式.椭圆曲线的多种开源版本实现都使用了 NIST 建议的素数.

例 7.10 NIST 建议的素数如表 7-1 所示.

表 7-1 NIST 建议的素数

p	$f(t)$	t
$p_{192}=2^{192}-2^{64}-1$	t^3-t-1	2^{64}
$p_{224}=2^{224}-2^{96}+1$	t^7-t^3+1	2^{32}
$p_{256}=2^{256}-2^{224}+2^{192}+2^{96}-1$	$t^8-t^7+t^6+t^3-1$	2^{32}
$p_{384}=2^{384}-2^{128}+2^{96}+2^{32}-1$	$t^{12}-t^4-t^3+t+1$	2^{32}
$p_{521}=2^{521}-1$	$t-1$	2^{521}

以 p_{192} 为例，$t = 2^{64}$. 模乘法计算中得到的乘积一般都小于 p^2，所以不失一般性，假设 $c < p^2$，于是 c 可以表示为次数小于等于 5 的关于 t 的多项式(可以理解为一个 t 进制数的表示)：

$$c = c_5 t^5 + \cdots + c_1 t + c_0$$

因为 $p = t^3 - t - 1$，可得

$$t^3 = t + 1 \bmod p$$

$$t^4 = t^2 + t \bmod p$$

$$t^5 = t^2 + t + 1 \bmod p$$

令 $r = c \bmod p$，则 $r < p$，可以把 r 表示为 $r = r_2 t^2 + r_1 t + r_0$. 其中，

$$r_0 = c_0 + c_3 + c_5 \bmod p$$

$$r_1 = c_1 + c_3 + c_4 + c_5 \bmod p$$

$$r_2 = c_2 + c_4 + c_5 \bmod p$$

7.5　OpenSSL 和椭圆曲线

OpenSSL 实现了常用的椭圆曲线，可以用 OpenSSL 命令行查看支持的曲线：

```
openssl ecparam -list_curves
```

不同机器的 OpenSSL 版本不同，得到的结果不同. 一般较新的版本有几条由 SECG 和 NIST 定义的曲线，还有我国的商用密码标准 SM2.

使用 OpenSSL 命令行产生私钥：

```
openssl ecparam -name prime256v1 -genkey -noout -out mykey.pem
```

输出 PEM 编码的密钥文件，查看密钥文件：

```
openssl ec -in mykey.pem -text -noout
```

输出一个私钥文件的内容：

```
read EC key
Private-Key: (256 bit)
priv:
    99:78:00:35:d7:22:eb:b2:e1:fe:74:3b:f2:ab:ff:
    f6:eb:78:23:05:1e:62:95:77:28:15:5b:27:3c:0d:
```

```
    61: 09
pub:
    04: fe: f7: 5d: 86: f4: 69: d1: 31: 37: 7e: a4: 81: f9: dc:
    13: 87: d3: 22: 51: d5: b0: ae: a1: 08: bc: e3: 41: 4b: 7c:
    f1: 23: 67: ed: 5f: f7: 03: 3f: ad: 61: 4b: 6a: aa: 9c: 78:
    90: d6: e1: d3: d4: 50: a1: 4e: 33: 36: 0f: 94: 74: da: d7:
    17: 07: f9: c0: 0b
ASN1 OID: prime256v1
NIST CURVE: P-256
```

公钥 pub 是一个椭圆曲线的点，用(x, y)坐标表示，x 为 256 比特，y 为 256 比特.字段 pub 的第一个字节 04 表示未压缩的格式.从第二个字节开始的 256 比特为 x，剩下的 256 比特为 y.

密钥文件中没有存储椭圆曲线生成的参数，如果想要知道某个曲线的具体参数，例如 prime256v1 的参数，可用以下命令查看：

```
openssl ecparam -name prime256v1 -text -param_enc explicit -noout
```

例 7.11 以下是用 OpenSSL 来模拟 Diffie Hellman 密钥交换，加密通信的例子. 用椭圆曲线算法，产生通信算法 Alice 和 Bob 的公钥和私钥：

```
openssl ecparam -name prime256v1 -genkey -noout -out alice_priv_key.pem
openssl ecparam -name prime256v1 -genkey -noout -out bob_priv_key.pem
openssl ec -in alice_priv_key.pem -pubout -out alice_pub_key.pem
openssl ec -in bob_priv_key.pem -pubout -out bob_pub_key.pem
```

模拟 DH，产生共享的密钥.从 base64 输出的结果可见 Alice 和 Bob 共享相同的数.

```
openssl pkeyutl -derive -inkey alice_priv_key.pem -peerkey bob_pub_key.pem -out alice_shared_secret.bin
openssl pkeyutl -derive -inkey bob_priv_key.pem -peerkey alice_pub_key.pem -out bob_shared_secret.bin
base64 alice_shared_secret.bin
base64 bob_shared_secret.bin
```

使用共享的密钥，用对称 AES 算法加密：

```
echo 'hello Bob' > plain.txt
```

```
openssl enc -aes256 -base64 -pass $(base64 alice_shared_secret.bin) -e -in plain.txt -out cipher.txt
openssl enc -aes256 -base64 -k $(base64 bob_shared_secret.bin) -d -in cipher.txt -out plain_again.txt
cat plain_again.txt
```

国家密码管理局于2010年12月17日发布了《SM2椭圆曲线公钥密码算法》.关于算法标准,可参见《国家密码管理局公告(第21号)》.

使用OpenSSL查看SM2算法的具体参数,就很容易理解SM2算法:

```
openssl ecparam -name SM2 -text -param_enc explicit -noout
Field Type: prime-field
Prime:
    00:ff:ff:ff:fe:ff:ff:ff:ff:ff:ff:ff:ff:ff:ff:
    ff:ff:ff:ff:ff:ff:00:00:00:00:ff:ff:ff:ff:ff:
    ff:ff:ff
A:
    00:ff:ff:ff:fe:ff:ff:ff:ff:ff:ff:ff:ff:ff:ff:
    ff:ff:ff:ff:ff:ff:00:00:00:00:ff:ff:ff:ff:ff:
    ff:ff:fc
B:
    28:e9:fa:9e:9d:9f:5e:34:4d:5a:9e:4b:cf:65:09:
    a7:f3:97:89:f5:15:ab:8f:92:dd:bc:bd:41:4d:94:
    0e:93
Generator (uncompressed):
    04:32:c4:ae:2c:1f:19:81:19:5f:99:04:46:6a:39:
    c9:94:8f:e3:0b:bf:f2:66:0b:e1:71:5a:45:89:33:
    4c:74:c7:bc:37:36:a2:f4:f6:77:9c:59:bd:ce:e3:
    6b:69:21:53:d0:a9:87:7c:c6:2a:47:40:02:df:32:
    e5:21:39:f0:a0
Order:
    00:ff:ff:ff:fe:ff:ff:ff:ff:ff:ff:ff:ff:ff:ff:
    ff:ff:72:03:df:6b:21:c6:05:2b:53:bb:f4:09:39:
    d5:41:23
Cofactor:  1 (0x1)
```

7.6　后量子密码

2018 年,美国国家安全局(National Security Agency, NSA)明确建议是时候考虑量子计算机的影响了.不过即使是量子计算机的狂热支持者也认为未来几年量子计算机不可能成熟应用. 2024 年,抗量子计算的密码相关标准已经制定,成熟应用还不多.

为了应对量子计算机的徐徐到来,NSA 建议在最近几年应该使用以下加密标准:

- SHA-384 安全 Hash 函数;
- AES-256 对称加密算法;
- 有 3 072 位密钥的 Diffie Hellman (DH)密钥交换协议;
- 椭圆曲线 P-384 用于密钥交换协议(ECDH)和数字签名算法(ECDSA).

由此可见,椭圆曲线 P-384 在未来若干年仍然可用.对于后量子时代的公钥密码,可能的算法主要有: 基于编码的算法、基于格的算法、基于超奇异椭圆曲线的算法.

7.7　椭圆曲线的 SageMath 计算

例 7.12　用长 Weierstrass 定义的椭圆曲线:

```
a1 = 0
a2 = 0
a3 = 1
a4 = 9
a6 = 0
E = EllipticCurve(QQ, [a1, a2, a3, a4, a6])
print(E)
```

例 7.13　椭圆曲线群的阶:

```
ec = EllipticCurve(GF(2 * * 255 - 19), [0, 486662, 0, 1, 0])
print(ec.order())
Point = ec.random_point()
print(Point.order())
print(ec.order() / Point.order())
```

第 8 章

格

格(lattice)曾经是分析密码的工具,后来又成为构造密码算法的工具.

许多数学家在近代把格研究了一遍,代表人物有拉格朗日(Lagrange)、高斯(Gauss)和闵可夫斯基(Minkowski)等.最近的十几年,格在密码学、通信、密码分析上有了很大的应用价值,看起来是非常有前途的一个领域.

目前以椭圆曲线为基础的公钥密码算法应用广泛,在加密、签名、密钥分发等方面都有成熟的解决方案.为什么我们还要煞费苦心地研究格?

基于格上困难问题构造的密码算法优点有以下几方面.

- 抗量子:目前还没有发现能破解格上困难问题的量子算法.(请注意,是目前没有发现.)
- 最坏情况安全性(worst case security):有些类型的 NP 问题只在最坏的情况下是困难的,有可能在平均情况下都不是困难的.随机从这种 NP 问题中选择一个实例来构造密码算法,难以保证计算复杂度的需要.最坏情况到平均情况的规约是格研究中首次提出的很有趣的新概念,为解决这个问题提供了新思路.
- 适合并行计算:格上的计算使用了大量矩阵计算.对矩阵计算的优化可谓历史悠久且成果斐然.
- 灵活性:使用格来构造对称加密、公钥加密都比较方便.全同态加密方案大部分使用格来构造.

近代格研究的主要历史事件如下.

- 1982 年由 K. Lenstra、H. W. Lenstra 和 L. Lovasz 提出著名的 LLL 格基消解算法,使用格来做密码分析.
- 1996 年,Ajtai-Dwork 第一次把格中平均情况与最坏情况的复杂度问题关联起来,提出了使用格构造的单向函数(one-way function)与抗碰撞的 Hash 函数(collision resistant Hash function, CRHF).
- 2005 年,Regev 提出了容错学习(learning with errors, LWE)问题,可以更加灵活地构造公钥加密、基于身份的加密、基于属性的加密、全同态加密等算法.

8.1 格的基本理论

格的本质是高维空间中几何学和代数学的组合.到高维空间,不太容易用直观的想象力.学习格可能比较困难,主要是因为想象力不够用了.

例 8.1 “高维的橘子,重量都在皮上.”就是说高维球的体积集中在它外围的很薄的一层球壳上.高维情况下与三维情况下培养出来的直觉不符.

8.1.1 格的定义

定义 8.1 给定 n 个线性无关的向量 $\boldsymbol{b}_1, \boldsymbol{b}_2, \cdots, \boldsymbol{b}_n \in \mathbb{R}^m$(一般 $n \leqslant m$),由这些向量生成的格为

$$\mathcal{L}:=\{z_1\boldsymbol{b}_1+z_2\boldsymbol{b}_2+\cdots+z_n\boldsymbol{b}_n \mid z_i \in \mathbb{Z}\}$$

我们把 $\boldsymbol{b}_1, \boldsymbol{b}_2, \cdots, \boldsymbol{b}_n$ 称为 $\mathcal{L}$ 的一组基向量.格可以理解为 $\mathbb{R}^n$ 空间中基向量的**整系数**线性组合生成的点集.

用 $m \times n$ 矩阵 $\boldsymbol{B}$ 表示一组基向量构成的矩阵,$\boldsymbol{B}=(\boldsymbol{b}_1, \boldsymbol{b}_2, \cdots, \boldsymbol{b}_n)$.由 $\boldsymbol{B}$ 生成的格可以表示为 $\mathcal{L}(\boldsymbol{B})$.

当 $n=m$ 时,我们称格是满秩的.

线性无关是指系数在 $\mathbb{R}$ 上. 本章涉及的大部分格都是满秩的.

例 8.2 如图 8-1 所示,由 2 个二维向量 $\boldsymbol{b}_1=(1, 0)^{\mathrm{T}}$ 和 $\boldsymbol{b}_2=(0, 1)^{\mathrm{T}}$ 生成的格是 $\mathbb{Z}^2$. $\boldsymbol{b}_1, \boldsymbol{b}_2$ 是格 $\mathbb{Z}^2$ 的一组基.显然,另一组二维向量 $\boldsymbol{c}_1=(1, 1)^{\mathrm{T}}$ 和 $\boldsymbol{c}_2=(2, 1)^{\mathrm{T}}$ 也可以生成格 $\mathbb{Z}^2$,所以 $\boldsymbol{c}_1, \boldsymbol{c}_2$ 也是 $\mathbb{Z}^2$ 的一组基.同样 $\boldsymbol{d}_1=(2\,006, 1)^{\mathrm{T}}$ 和 $\boldsymbol{d}_2=(2\,007, 1)^{\mathrm{T}}$ 也可以生成格 $\mathbb{Z}^2$,$\boldsymbol{d}_1, \boldsymbol{d}_2$ 也是 $\mathbb{Z}^2$ 的一组基(由于太长,图中没有画出来).

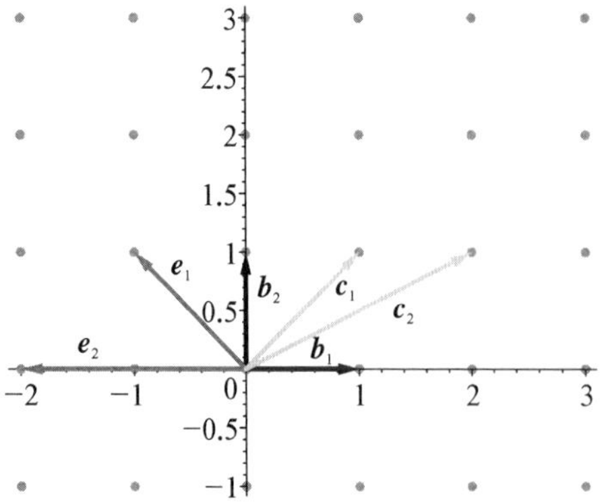

图 8-1 最简单的 2 维格 $\mathbb{Z}^2$

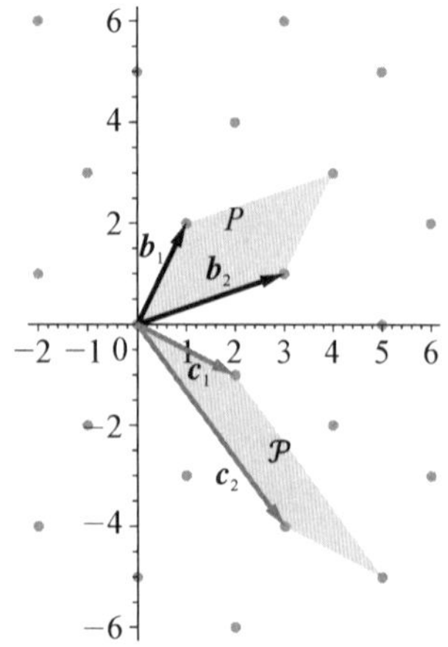

图 8-2 不同格基和平行六面体

例 8.3 向量 $\boldsymbol{e}_1=(-1, 1)^{\mathrm{T}}$ 和 $\boldsymbol{e}_2=(-2, 0)^{\mathrm{T}}$ 生成的格 $\mathcal{L}$ 不是 $\mathbb{Z}^2$.格 $\mathcal{L}$ 中是 x，y 坐标加起来和为偶数的点.

图 8-2 也是一个二维空间中的格. $\boldsymbol{b}_1$，$\boldsymbol{b}_2$ 是一组基. $\boldsymbol{c}_1$，$\boldsymbol{c}_2$ 也是一组基.有人把二维空间的格称为六边形格,因为二维空间比较容易在平面上表示,所以我们经常用二维空间的格来讲述一些概念.

格是 $\mathbb{R}^n$ 空间上的点集,并且很容易验证,在对应坐标分别相加的加法下,格构成群,因此格也可以定义如下.

定义 8.2 格是 $\mathbb{R}^n$ 空间中的一个离散的、具有加法运算的子群.

例 8.4 群 $\mathbb{Q}^n$ 不是格,因为有些点之间的距离可以任意小,所以不是离散的.

例 8.5 群 $G=Z+\sqrt{2}Z$ 不是格.因为$\sqrt{2}$有任意精度的有理数近似 a/b,于是 $a-b\sqrt{2}$ 可以任意精度接近零点,所以也不是离散的.

例 8.6 有理数格是 $\mathbb{Q}^n$ 的离散子群.整数格是 $\mathbb{Z}^n$ 的离散子群.有理数格和整数格是等价的.由于有理数格的离散性,有理数格点都有一个“公分母”d,于是 $d\mathcal{L}$ 是整数格.

定义 8.3(span) 格 $\mathcal{L}(\boldsymbol{B})$ 的 span 表示由格基扩张成的线性空间.

$$\operatorname{span}(\mathcal{L}(\boldsymbol{B}))=\operatorname{span}(\boldsymbol{B})=\{\boldsymbol{B}y \mid y\in\mathbb{R}^n\}$$

显然有 $\mathcal{L}(\boldsymbol{B})\subset\operatorname{span}(\boldsymbol{B})$.

定义 8.4 格 $\mathcal{L}\subset\mathbb{R}^n$ 的秩(rank)是指线性空间的维度. $k=\operatorname{rank}(\mathcal{L}(\boldsymbol{B}))=\dim(\operatorname{span}(\mathcal{L}(\boldsymbol{B})))$.当 $k=n$ 时,格是满秩的.

例 8.7 向量 $\boldsymbol{b}_1=(1, 1)^{\mathrm{T}}$ 和 $\boldsymbol{b}_2=(2, 2)^{\mathrm{T}}$ 生成的格 $\mathcal{L}(\boldsymbol{b}_1, \boldsymbol{b}_2)$ 不是满秩的, $\operatorname{rank}(\mathcal{L}(\boldsymbol{b}_1, \boldsymbol{b}_2))=1$.

8.1.2 同一个格不同的基

给定一个格,可以用不同的基向量生成.从前面的例子可以看出,对于格$\mathbb{Z}^2$,

$$\mathcal{L}\left(\begin{pmatrix}1 & 0\\ 0 & 1\end{pmatrix}\right)=\mathcal{L}\left(\begin{pmatrix}2 & 1\\ 1 & 1\end{pmatrix}\right)=\mathcal{L}\left(\begin{pmatrix}647 & 64\\ 91 & 9\end{pmatrix}\right)\neq\mathcal{L}\left(\begin{pmatrix}-1 & -2\\ 1 & 0\end{pmatrix}\right)$$

给定一组基 $\boldsymbol{B}$ 和另一组基 $\boldsymbol{B}'$,如何判断这两组基生成的是同一个格?

定义 8.5 矩阵 $\boldsymbol{U}\in\mathbb{Z}^{n\times n}$.如果 $|\det(\boldsymbol{U})|=1$,那么 $\boldsymbol{U}$ 是幺模矩阵.其中 $\det(\boldsymbol{U})$ 是矩阵 $\boldsymbol{U}$ 的行列式.

例 8.8 $\begin{pmatrix}2 & 1\\ 1 & 1\end{pmatrix}$ 是行列式矩阵. $\begin{pmatrix}1 & 10^{10}\\ 0 & 1\end{pmatrix}$ 是幺模矩阵.

例 8.9 $\begin{pmatrix}-1 & -2\\ 1 & 0\end{pmatrix}$ 不是行列式矩阵.

命题 8.1 如果 $\boldsymbol{U}$ 是行列式矩阵,那么 $\boldsymbol{U}^{-1}$ 也是行列式矩阵.

证明： 根据克拉默法则，矩阵 $\boldsymbol{U}^{-1}$ 中的每一项都是 $\boldsymbol{U}$ 的某个余子式的行列式与 $\boldsymbol{U}$ 的行列式之比.由于 $\boldsymbol{U}$ 是整数矩阵，$\boldsymbol{U}$ 的余子式也是整数.因为 $\boldsymbol{U}$ 的行列式是 ± 1，所以矩阵 $\boldsymbol{U}^{-1}$ 中的每一项都是整数.

$$\det(\boldsymbol{U}^{-1}) = 1/\det(\boldsymbol{U}) = \pm 1 \Rightarrow |\det(\boldsymbol{U}^{-1})| = 1$$

综上，U^{-1} 是行列式为 1 的整数矩阵，即幺模矩阵.

定理 8.1　给定格基 $\boldsymbol{B} \in \mathbb{R}^{n\times n}$，$\boldsymbol{B}' \in \mathbb{R}^{n\times n}$，下面两个条件等价：

(1) $\mathcal{L}(\boldsymbol{B}) = \mathcal{L}(\boldsymbol{B}')$；

(2) 存在幺模矩阵 $\boldsymbol{U}$，使得 $\boldsymbol{B}' = \boldsymbol{B}\boldsymbol{U}$.

证明： (1)→(2)因为 $\mathcal{L}(\boldsymbol{B}) = \mathcal{L}(\boldsymbol{B}')$，所以 $\boldsymbol{B}'$ 中的基向量可以表示成格基 $\boldsymbol{B}$ 的整系数线性组合，也就是存在整数矩阵 $\boldsymbol{V}$，使得 $\boldsymbol{B}' = \boldsymbol{B}\boldsymbol{V}$. 同理亦可得 $\boldsymbol{B} = \boldsymbol{B}'\boldsymbol{V}'$. 下面需要证明 $\det(\boldsymbol{V}) = \det(\boldsymbol{V}') = \pm 1$.因为 $\boldsymbol{B}' = \boldsymbol{B}\boldsymbol{V} = \boldsymbol{B}'\boldsymbol{V}'\boldsymbol{V}$，$\boldsymbol{B}'$ 是满秩矩阵，存在 $\boldsymbol{B}'^{-1}$，所以可得

$$\boldsymbol{V}'\boldsymbol{V} = \boldsymbol{E}$$

其中，$\boldsymbol{E}$ 是单位矩阵.根据行列式计算的可乘性，

$$\det(\boldsymbol{V}'\boldsymbol{V}) = \det(\boldsymbol{V}) \cdot \det(\boldsymbol{V}') = \det(\boldsymbol{E}) = 1$$

因为 $\boldsymbol{V}$ 和 $\boldsymbol{V}'$ 都是整数矩阵，它们的行列式都是整数，所以 $\det(\boldsymbol{V}) = \det(\boldsymbol{V}') = \pm 1$.

(2)→(1)因为 $\boldsymbol{B}' = \boldsymbol{B}\boldsymbol{U}$，所以格基 $\boldsymbol{B}'$ 中的向量都可以看作格基 $\boldsymbol{B}$ 的整数线性组合，$\mathcal{L}(\boldsymbol{B}')$ 的点也可以看作格基 $\boldsymbol{B}$ 的整数线性组合，于是，

$$\mathcal{L}(\boldsymbol{B}') \subseteq \mathcal{L}(\boldsymbol{B})$$

由于 $\boldsymbol{B} = \boldsymbol{B}'\boldsymbol{U}^{-1}$，$\boldsymbol{U}^{-1}$ 也是幺模矩阵，同理可得

$$\mathcal{L}(\boldsymbol{B}) \subseteq \mathcal{L}(\boldsymbol{B}')$$

综上，$\mathcal{L}(\boldsymbol{B}) = \mathcal{L}(\boldsymbol{B}')$.

例 8.10

$$\boldsymbol{B}' = \begin{pmatrix} 2 & 1 \\ 1 & 1 \end{pmatrix} \quad \boldsymbol{B} = \begin{pmatrix} 1 & 0 \\ 0 & 1 \end{pmatrix} \quad \boldsymbol{U} = \begin{pmatrix} 2 & 1 \\ 1 & 1 \end{pmatrix}$$

容易检验 $\boldsymbol{B}' = \boldsymbol{B}\boldsymbol{U}$. $\boldsymbol{U}$ 是幺模矩阵，因此 $\mathcal{L}(\boldsymbol{B}) = \mathcal{L}(\boldsymbol{B}')$.

8.2　体积

格的基 $\boldsymbol{B} = (\boldsymbol{b}_1, \boldsymbol{b}_2, \cdots, \boldsymbol{b}_n)$ 可以定义一个基础平行六面体，如图 8-2 中的阴影部分 $\mathcal{P}$ 所示.

定义 8.6　基础平行六面体是空间

$$\mathcal{P}(\boldsymbol{B})=\sum_i \boldsymbol{b}_i \cdot [0,\ 1)$$

或者

$$\mathcal{P}(\boldsymbol{B})=\sum_i \boldsymbol{b}_i x_i,\ 0 \leqslant x_i < 1$$

定理 8.2　格基 $\boldsymbol{b}_1,\ \boldsymbol{b}_2,\ \cdots,\ \boldsymbol{b}_n \in \mathbb{R}^n$，$\mathcal{P}$ 是这组基定义的基础平行六面体，$\boldsymbol{B}$ 是由 $\boldsymbol{b}_1,\ \boldsymbol{b}_2,\ \cdots,\ \boldsymbol{b}_n$ 构成的矩阵，则 $\mathcal{P}(\boldsymbol{B})$ 的体积是 $\boldsymbol{B}$ 的行列式的绝对值.

$$\mathrm{vol}(\mathcal{P}(\boldsymbol{B}))=|\det(\boldsymbol{B})|$$

虽然这里说明是平行六面体，但是不要认为只有 6 个面，要理解为多面体.

在一个线性空间里面，一个空间 V 的行列式 $\det(V)$ 代表了这个空间所有的基向量 $\boldsymbol{b}_i$ 所组成平行六面体的体积.例如在二维空间里，两个基向量组成的平行四边形的面积就是这个空间的行列式.类似地，一个格的行列式也是基向量所组成的平行六面体的体积.

例 8.11　二维空间中，求 $(1,\ 3)^{\mathrm{T}}$ 和 $(2,\ -3)^{\mathrm{T}}$ 定义的平行六面体 $\mathcal{P}$ 的体积(面积)，如图 8-3 所示.

$$\mathrm{vol}(\mathcal{P})=|\det(\boldsymbol{B})|=\left|\det\begin{pmatrix}1 & 2\\ 3 & -3\end{pmatrix}\right|=|-3-6|=9$$

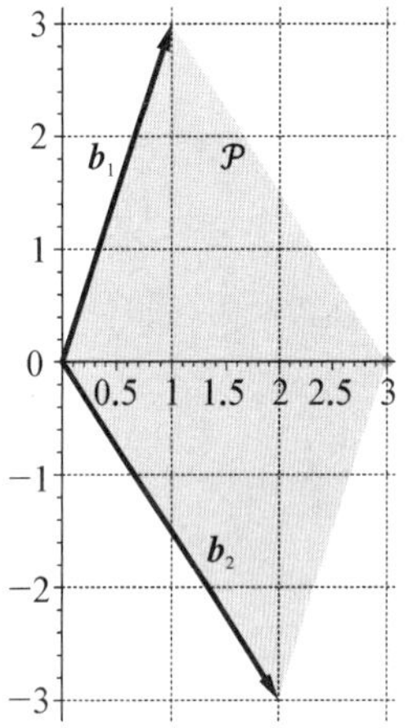

图 8-3　2 维空间中的平行六面体

解释一下行列式和体积之间的关系，有助于理解定理 8.2.对于满秩 n 阶方阵 $\boldsymbol{B}$，我们可以使用高斯方法，把 $\boldsymbol{B}$ 变成上三角矩阵.假设 $\boldsymbol{r}_i$ 是 $\boldsymbol{B}$ 的每个行向量(为了和线性代数的方法兼容，这里使用了行向量.由于 $\det(\boldsymbol{B}^{\mathrm{T}})=\det(\boldsymbol{B})$，使用行向量和列向量都可以)，高斯方法的行变化可以写成：$\boldsymbol{r}_i=\boldsymbol{r}_i+c\cdot\boldsymbol{r}_j$.

根据行列式计算方法，$|\det(\boldsymbol{B})|$ 满足如下 4 个性质.

(1) 行变换不改变 $\det(\boldsymbol{B})$ 的值.

(2) 把某个行向量乘常数 c，相当于把 $\det(\boldsymbol{B})$ 也乘 c.

(3) 交换两行的顺序，不改变 $\det(\boldsymbol{B})$.

(4) 单位矩阵 $\boldsymbol{I}_n$ 满足 $\det(\boldsymbol{I}_n)=1$.

$\mathrm{vol}(\boldsymbol{B})$ 表示 $\boldsymbol{B}$ 定义的平行六面体的体积，通过把高斯方法转换为几何意义的变化，可以看出，$\mathrm{vol}(\boldsymbol{B})$ 也是满足上述 4 个性质的函数.因为 $|\det(\boldsymbol{B})|$ 是唯一满足这 4 个性质的函数，所以 $|\det(\boldsymbol{B})|=\mathrm{vol}(\boldsymbol{B})$.

一个 $\mathcal{L}$ 有很多组不同的基向量，$\det(\mathcal{L})$ 只与 $\mathcal{L}$ 相关，而与 $\mathcal{L}$ 的基向量选择无关.

命题 8.2　不同格基定义的平行六面体的体积相同.

平行六面体的形状与格基相关.好的格基定义的平行六面体更接近“方形”，不好的格基定义的平行六面体更接近“扁平”状.

我们在每个格点上定义一个平行六面体，整个空间$\mathbb{R}^n$可以看作所有平行六面体的并集.这些平行六面体互相不相交，所有的平行六面体就是$\mathbb{R}^n$的划分.如果整个空间像一堵墙，那么每个平行六面体像一块砖.

空间$\mathbb{R}^n$中的格点个数与平行六面体个数是相同的.

如果把格点稍微平移一下，用下式定义平行六面体：

$$\mathcal{P}=\sum_i b_i \cdot [-1/2,\ 1/2)$$

即格点在平行六面体的中间，这样更容易理解格点的个数与平行六面体的个数是相同的.

定理 8.3 令 $\mathcal{L}$ 为满秩的格，$\boldsymbol{b}_1, \cdots, \boldsymbol{b}_n \in \mathbb{R}^n$为 $\mathcal{L}$ 中线性无关的向量，令 $\boldsymbol{B}=(\boldsymbol{b}_1, \cdots, \boldsymbol{b}_n)$，则$\boldsymbol{B}$是格$\mathcal{L}$的基当且仅当 $\mathcal{P}(\boldsymbol{B}) \cap \mathcal{L}=\{0\}$，其中，$\{0\}$是格中的零点构成的集合.

证明：（充分性）$\boldsymbol{B}=(\boldsymbol{b}_1, \cdots, \boldsymbol{b}_n)$ 是 $\mathcal{L}$ 的基，那么令

$$a \in \mathcal{L}(\boldsymbol{B}) \cap \mathcal{P}(\boldsymbol{B})$$

$$a=\sum_{i=1}^{n} z_i \boldsymbol{b}_i=\sum_{i=1}^{n} y_i \boldsymbol{b}_i,\ z_i \in Z,\ y_i \in [0,\ 1)$$

对比系数，可知 $z_i=y_i=0$，于是 $a=0$.

（必要性）因为 $\boldsymbol{b}_i$ 都是$\mathcal{L}$中的点，所以$\mathcal{L}(\boldsymbol{B}) \subseteq \mathcal{L}$. 任取一个 $a \in \mathcal{L}$，由于$\boldsymbol{b}_1, \cdots, \boldsymbol{b}_n$ 是 n 维空间的线性无关矢量，可以把 a 写为

$$a=\sum_{i=1}^{n} x_i \boldsymbol{b}_i,\ x_i \in \mathbb{R}$$

考虑向量：

$$a'=\sum_{i=1}^{n} \lfloor x_i \rfloor \boldsymbol{b}_i \in \mathcal{L}(\boldsymbol{B})$$

因为 $a' \in \mathcal{L}(\boldsymbol{B})$，$a \in \mathcal{L}$，所以 $a-a' \in \mathcal{L}$[$\mathcal{L}$ 是加法群，$\mathcal{L}(\boldsymbol{B})$ 包含在 $\mathcal{L}$ 中].$a-a'$ 可以写为

$$a-a'=\sum_{i=1}^{n} (x-\lfloor x_i \rfloor) \boldsymbol{b}_i \in \mathcal{P}(\boldsymbol{B})$$

于是 $a-a' \in \mathcal{L} \cap \mathcal{P}(\boldsymbol{B})$，根据题设，可得 $a-a'=0$.因为$\boldsymbol{b}_1, \cdots, \boldsymbol{b}_n$ 线性无关，所以 $x_i \in \mathbb{Z}$ 都是整数，那么 $a \in \mathcal{L}(\boldsymbol{B})$. 因为 a 是 $\mathcal{L}$ 的任意一点，所以 $\mathcal{L} \subseteq \mathcal{L}(\boldsymbol{B})$.

至此，$\mathcal{L}=\mathcal{L}(\boldsymbol{B})$，即 $\boldsymbol{B}$ 是 $\mathcal{L}$ 的基.

命题 8.3 $\mathbb{R}^n=\bigcup_{v \in \mathcal{L}}(v+\mathcal{P}(\boldsymbol{B}))$

我们以格点为中心画一个球(在空间中任意画一个球体也可以，多维空间即超球体)，然后数数这个球体中覆盖了多少格点.直观感觉告诉我们，球中格点数量大致等于球体积

除以平行六面体体积.

定理 8.4 对于足够大的 $S \subset \mathbb{R}^n$,

$$|S \cap \mathcal{L}| \approx |\mathrm{vol}(S)/\det(\mathcal{L})|$$

$1/\det(\mathcal{L})$ 也常被称为格的密度.球体中有多少格点,球体中就有多少个 $\det(\mathcal{L})$ 的多面体,这两个数字大概相同.

8.2.1 最短向量

我们习惯使用的距离度量是欧几里得距离.

$$\|\boldsymbol{x}\| := \left(\sum_i x_i^2\right)^{1/2}$$

我们一般用 λ_1 来定义整个格中点与点之间最短的距离.一般为了方便理解,就把其中的一个点设置成零点,然后 λ_1 就变成了与零点距离最近的格点.最近的格点不唯一,由于格是加法群,如果 v 是最近的格点,显然 $-v \in \mathcal{L}$ 也是.

定义 8.7

$$\lambda_1 = \min_{x \in L,\ x \neq 0} \|x\|$$

因为 $x, y \in \mathcal{L} \Rightarrow (x - y) \in \mathcal{L}$, 所以也可以定义为

$$\lambda_1 = \min_{x,\ y \in L,\ x \neq y} \|x - y\|$$

λ_1 显然与 $\mathcal{L}$ 有关,所以也记作 $\lambda_1(\mathcal{L})$.

给定格基,计算最短向量是一个很困难的问题.同样也可以定义到第二近点的距离 λ_2,到第三近点的距离 λ_3,一直到第 n 近点的距离 λ_n.

定义 8.8(逐次最小长度) $\lambda_i(\mathcal{L}) = \min_r\{r: \mathcal{L}$ 中包含 i 个线性无关的向量 $\boldsymbol{v}_j$,并且 $\|\boldsymbol{v}_j\| \leqslant r\}$.

根据定义显然有 $\lambda_1(\mathcal{L}) \leqslant \lambda_2(\mathcal{L}) \leqslant \cdots \leqslant \lambda_n(\mathcal{L})$.如果 $\boldsymbol{v}_1, \boldsymbol{v}_2, \cdots, \boldsymbol{v}_n$ 为对应的格点,需要注意的是 $\boldsymbol{v}_1, \boldsymbol{v}_2, \cdots, \boldsymbol{v}_n$ 不一定是格基.

例 8.12 一个特殊的例子是笛卡尔坐标系下的整数格 $\mathbb{Z}^n$,因为所有的基向量全部都长度相等,并且相互垂直,所以 $\lambda_1 = \lambda_2 = \lambda_3 = \cdots = \lambda_n$ (至少有 n 个是相同的).

例 8.13 如图 8-4 所示,过 x 点的向量最短,长度是 λ_1.过 y 点的向量长度也是 λ_1,因为 $y = -x$,所以这个向量与 x 线性相关,不是 λ_2. λ_2 是过 z 的向量.

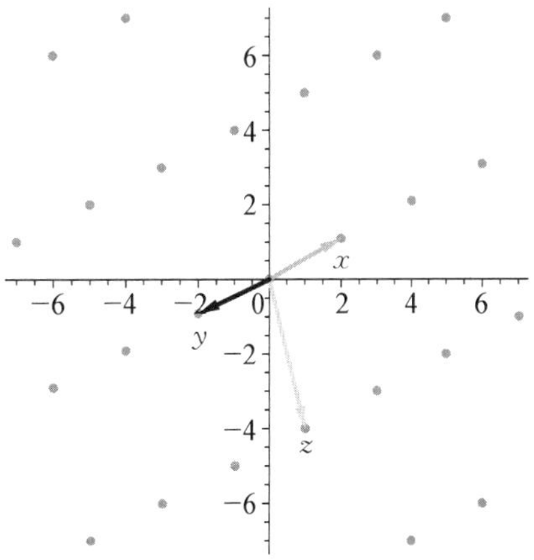

图 8-4 最短向量

8.2.2 闵可夫斯基定理

闵可夫斯基定理将最短向量与行列式联系起来，给出格中最短向量的一个上限值.

命题 8.4（Blichfeldt 定理） 给定满秩 $\mathcal{L}$，对一个可测量的集合 $S \subseteq \mathbb{R}^n$，并且 $\mathrm{vol}(S) > \det(\mathcal{L})$，那么

$$\exists x,\ y \in S,\ \text{s.t.}\ x - y \in \mathcal{L}$$

证明： 令 $\mathcal{P}$ 为 L 的任意一个平行六面体.我们把 S 划分为如下的一些集合：

$$S_v = S \cap (v + \mathcal{P}),\ v \in \mathcal{L}$$

显然 $\bigcup_v S_v = S$. 把 S_v 做平移得到 $S_v - v$，平移之后，显然有 $S_v - v \subseteq \mathcal{P}$.因为 $\mathrm{vol}(S) > \mathrm{vol}(P) = \det(\mathcal{L})$，所以平移之后各个 S_v 必然有重叠之处.不失一般性假设存在 $z \in (S_v - v) \cap (S_u - u)$，其中 u，v 是 $\mathcal{L}$ 中两个不同的点.于是可得 $x = z + u \in S$，$y = z + v \in S$，x，y 是 $\mathcal{L}$ 中两个不同的点，他们的差值 $x - y = u - v$. 因为 u，v 都是格 $\mathcal{L}$ 中的点，所以 $u - v \in \mathcal{L}$，然后可得 $x - y \in \mathcal{L}$（格是加法群）.

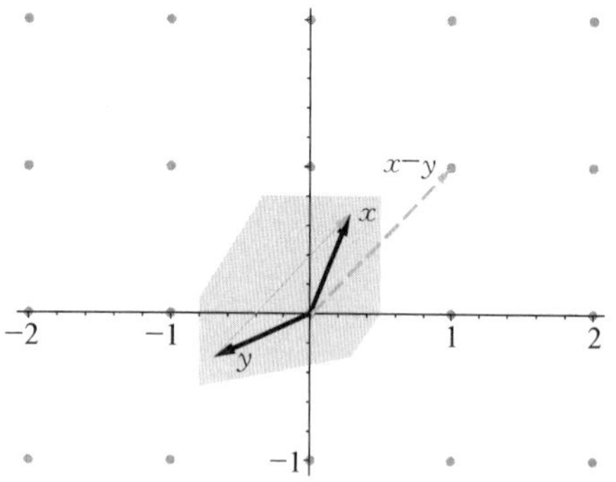

图 8－5 Blichfeldt 定理

Blichfeldt 定理有点像格点的“鸽笼原理”.如图 8－5 所示，阴影部分是 S，S 中包含两个点 x，y，$x - y$ 是格点 $(1,\ 1)^{\mathrm{T}}$.

定义 8.9（凸和对称） 集合 $S \subseteq \mathbb{R}^n$.

(1) 如果 $x,\ y \in S \Rightarrow \alpha x + (1-\alpha)y \in S$，其中，$\alpha \in [0,\ 1]$，那么 S 是凸的.换言之，x，y 是 S 中的两个点，连接 x，y 的线段都包含在 S 中.

(2) 如果 $x \in S \Rightarrow -x \in S$，那么 S 是对称的.

凸体（convex body）就是“凸”形状的空间几何体.

定理 8.5（闵可夫斯基凸体定理） 给定一个中心对称的凸体 S.如果 $\mathrm{vol}(S) > 2^n \cdot \det(\mathcal{L})$，那么 S 中一定包含非零的格点.

证明： 令 $S' = S/2$，于是 $\mathrm{vol}(S') > \det(\mathcal{L})$. 根据 Blichfeldt 定理，$S'$ 中有 2 个点 x，y，使得 $x - y$ 是格点.根据 S' 的构造以及 S 的对称性，显然 $2x \in S$，$-2y \in S$（因为对称性）. 根据 S 的凸性质，连接 $2x$ 和 $-2y$ 线段的中点 $(2x - 2y)/2 = x - y$ 也在 S 中，$x - y$ 就是非零的格点.

定理 8.6（闵可夫斯基第一定理） $\lambda_1(\mathcal{L}) \leqslant \sqrt{n} \cdot \det(\mathcal{L})^{\frac{1}{n}}$.

证明： 定义 $S = \mathcal{B}(0,\ \lambda_1(\mathcal{L}))$，其中 $\mathcal{B}(x,\ r)$ 表示以 x 为圆心，以 r 为半径的 n 维开集球体（开集的意思是到圆心 x 的距离为 r 的点不包含在球体中）.在欧几里得距离的意义下，该球体包含一个 n 维的立方体，立方体的边长为 $2r/\sqrt{n}$，于是

$$\mathrm{vol}(\mathcal{B}(0,\ r)) \geqslant \left(\frac{2r}{\sqrt{n}}\right)^n$$

代入 $r=\lambda_1(\mathcal{L})$ 可得 $\mathrm{vol}(\mathcal{B}(0,\ \lambda_1(\mathcal{L}))) \geqslant \left(\frac{2\lambda_1(\mathcal{L})}{\sqrt{n}}\right)^n$. 然而这个开集球体不包含非零的格点(否则,非零格点和零点的距离就小于 λ_1 了),由闵可夫斯基的凸体定理可得

$$\left(\frac{2\lambda_1(\mathcal{L})}{\sqrt{n}}\right)^n \leqslant \mathrm{vol}(\mathcal{B}(0,\ \lambda_1(\mathcal{L})) \leqslant 2^n \det(\mathcal{L})$$

稍做整理可得

$$\lambda_1(\mathcal{L}) \leqslant \sqrt{n} \cdot \det(\mathcal{L})^{1/n}$$

例 8.14　闵可夫斯基第一定理的上限不是一个紧的上限. 例如 $\mathcal{L} \subset \mathbb{R}^2$,基向量为 $(2^{10},\ 0)^{\mathrm{T}}$,$(0,\ 2^{-10})^{\mathrm{T}}$. 于是 $\det(\mathcal{L})=1$,显然有个非零向量 $\lambda_1(\mathcal{L}) << \sqrt{2}$.

闵可夫斯基第一定理给出的上限只与格本身有关,与格基无关.

虽然闵可夫斯基第一定理给出的界很松,但在格的理论中也很有用. 丢番图(Diophantine)逼近探讨以有理数逼近实数的问题,利用闵可夫斯基第一定理可以证明基于丢番图逼近定理的狄利克雷(Dirichlet)定理.

命题 8.5(基于丢番图逼近定理的狄利克雷定理)　对于任意的 $\lambda \in \mathbb{R}$,$Q \in \mathbb{N}$,存在 p,q 使得

$$q < Q,\ \left|\lambda - \frac{p}{q}\right| \leqslant \frac{1}{qQ}$$

证明: 考虑格 $\mathcal{L}=\mathbb{Z}^2$,定义可测量的集合:

$$S=\left\{(x,\ y) \mid -Q \leqslant x \leqslant Q,\ -\frac{1}{Q} \leqslant \lambda x - y \leqslant \frac{1}{Q}\right\}$$

S 是一个平行四边形,如图 8-6 所示,可以求出其面积为 $\mathrm{vol}(S)=(2/Q)\times(2Q)=4$,于是 $\mathrm{vol}(S) \geqslant 2^2\det(\mathcal{L})$.

由闵可夫斯基凸体定理,S 中包含一个非零格点 $(q,\ p) \in \mathcal{L}=\mathbb{Z}^2$,满足

$$-Q \leqslant q \leqslant Q,\ -\frac{1}{Q} \leqslant \lambda q - p \leqslant \frac{1}{Q}$$

于是,$|\lambda q - p| \leqslant 1/Q$,稍做变化可得 $\left|\lambda - \frac{p}{q}\right| \leqslant \frac{1}{qQ}$.

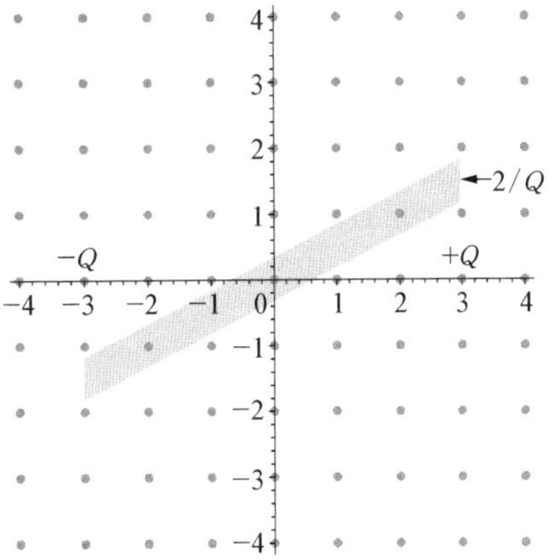

图 8-6　丢潘图逼近(图中阴影部分是 S,可见 S 中包含格点)

对于逐次最小长度,闵可夫斯基也给出了一个

界，这就是闵可夫斯基第二定理.

定理 8.7（闵可夫斯基第二定理）　$\left(\prod_{i=1}^{n}\lambda_i(\mathcal{L})\right)^{1/n} \leqslant \sqrt{n}\cdot\det(\mathcal{L})^{1/n}$.

8.3　格上的经典问题

二维的格看上去挺简单，实际应用的是高维格.高维格上有许多经典的困难问题.格基不要求是整数向量，而在实际应用中，格基是整数向量.要求格基是整数向量也不影响格的一般理论.

格上最经典的两个问题就是最短向量问题（shortest vector problem, SVP）和最近向量问题（closest vector problem, CVP）.

定义 8.10（SVP）　给定格基 $\boldsymbol{B}$，求 $\boldsymbol{v}\in\mathcal{L}(\boldsymbol{B})$，满足 $\|\boldsymbol{v}\|=\lambda_1(\mathcal{L})$.

定义 8.11（CVP）　给定格基 $\boldsymbol{B}$，向量 $\boldsymbol{t}\in\operatorname{span}(\boldsymbol{B})$.求 $\boldsymbol{v}\in\mathcal{L}(\boldsymbol{B})$，满足

$$\forall y\in\mathcal{L},\ \|\boldsymbol{v}-\boldsymbol{t}\|\leqslant\|y-\boldsymbol{t}\|$$

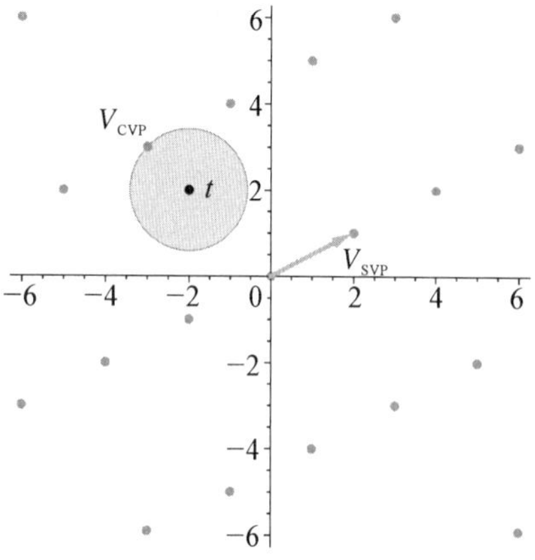

图 8-7　SVP 和 CVP

图 8-7 中，点 V_{SVP} 就是 SVP 需要寻找的点，点 V_{CVP} 就是 CVP 需要寻找的点.

如果我们有解决 SVP 和 CVP 的算法，就可以解决有噪声信道中可靠信息传输的问题.假设需要传输的消息是 m，把 m 编码到格上一个点 V. V 经过噪声信道传输后，叠加了噪声，产生了一点儿偏移变成 t.接收方收到 t 之后，使用 CVP 算法就能得到正确的 V.显然，叠加的噪声不能太大（偏移不能太大），这个方案能抵抗噪声的水平与格中最短向量的长度有关.我们可以使用 SVP 算法得到格中最短向量，从而估计这个方案能抵抗的噪声强度.

SVP 和 CVP 看起来有点像，他们之间是有一定联系的.格中最短的向量显然是离 0 点最近的非零向量.

例 8.15　给定格基 $\boldsymbol{B}$，0 表示零点，函数 $\text{CVP}(\boldsymbol{B}, x)$ 输出离 x 最近的点 $\boldsymbol{v}\in\mathcal{L}(\boldsymbol{B})$.

$$\text{CVP}(\boldsymbol{B}, 0)=0$$

这个例子告诉我们，不能简单地用 CVP 来解决 SVP.

定理 8.8　SVP 可以多项式归约到 CVP.

$$\text{SVP}\leqslant\text{CVP}$$

为了证明定理 8.8，需要用到如下引理.

引理 8.1　给定格基 $\boldsymbol{B}=(\boldsymbol{b}_1, \cdots, \boldsymbol{b}_n)$，构造 $\mathcal{L}(\boldsymbol{B})$ 的一系列子格 $\mathcal{L}(\boldsymbol{B}^1), \cdots, \mathcal{L}(\boldsymbol{B}^n)$，其中

$$\boldsymbol{B}^i=(\boldsymbol{b}_1, \cdots, 2\boldsymbol{b}_i, \boldsymbol{b}_{i+1}, \cdots, \boldsymbol{b}_n)$$

即把第 i 个基向量 $\boldsymbol{b}_i$ 倍乘得到第 i 个子格 $\mathcal{L}(\boldsymbol{B}^i)$ 上. 于是可得：$\boldsymbol{b}_i \notin \mathcal{L}(\boldsymbol{B}^i)$.

证明：不失一般性，考察 $i=1$ 的情况.反证，假设 $\boldsymbol{b}_1 \in \mathcal{L}(\boldsymbol{B}^1)$，那么存在整数向量 $(\alpha_1, \cdots, \alpha_n) \in \mathbb{Z}^n$ 使得

$$\alpha_1(2\boldsymbol{b}_1)+\alpha_2\boldsymbol{b}_2+\cdots+\alpha_n\boldsymbol{b}_n=\boldsymbol{b}_1$$

即

$$(2\alpha_1-1)\boldsymbol{b}_1+\alpha_2\boldsymbol{b}_2+\cdots+\alpha_n\boldsymbol{b}_n=0$$

因为 $\boldsymbol{b}_1, \cdots, \boldsymbol{b}_n$ 线性无关，所以每个系数都必须是 0，与 $2\alpha_1-1=0$ 矛盾.

引理 8.2　令 $\boldsymbol{u} \in \mathcal{L}(\boldsymbol{B}^i)$，那么 $\boldsymbol{v}=\boldsymbol{u}-\boldsymbol{b}_i \in \mathcal{L}(\boldsymbol{B})$. 由于格是加法群，同样有 $\boldsymbol{v}=\boldsymbol{u}+\boldsymbol{b}_i \in \mathcal{L}(\boldsymbol{B})$.

引理 8.3　令 $\boldsymbol{v}=\sum_{i=1}^{n}\alpha_i\boldsymbol{b}_i$，其中某个 α_j 是奇数，那么 $\boldsymbol{u}=\boldsymbol{v}-\boldsymbol{b}_j \in \mathcal{L}(\boldsymbol{B}^j)$. 由于格是加法群，同样有 $\boldsymbol{u}=\boldsymbol{v}+\boldsymbol{b}_j \in \mathcal{L}(\boldsymbol{B}^j)$.

假设我们有解决 CVP 的函数 CVP($\boldsymbol{B}$, x)，下面我们用该函数来解决 SVP，算法如下.

(1) 计算 n 个子格的基 $\boldsymbol{B}^1, \cdots, \boldsymbol{B}^n$，其中 $\boldsymbol{B}^i=(\boldsymbol{b}_1, \cdots, 2\boldsymbol{b}_i, \boldsymbol{b}_{i+1}, \cdots, \boldsymbol{b}_n)$.

(2) 对于 $1 \leqslant i \leqslant n$，计算 $\boldsymbol{u}_i=\mathrm{CVP}(\boldsymbol{B}^i, \boldsymbol{b}_i)$.

(3) 输出 $\mathrm{argmin}_{u_i}\{\|\boldsymbol{u}_i-\boldsymbol{b}_i\|\}$.

下面要说明算法输出的就是 $\mathcal{L}$ 中的最短向量.

(1) 由引理 8.2，$\boldsymbol{u}_i-\boldsymbol{b}_i \in \mathcal{L}$. 下面需要证明这个向量是最短的.

(2) 假设 $\boldsymbol{v} \in \mathcal{L}$ 是最短向量，于是有 $\boldsymbol{v}=\sum\alpha_i\boldsymbol{b}_i$. 其中某个 α_i 一定是奇数.(如果全是偶数的话，$\boldsymbol{v}/2$ 也在格中，而且比 $\boldsymbol{v}$ 短，矛盾).

(3) 不失一般性，假设 α_1 是奇数，由引理 8.3，$\boldsymbol{v}+\boldsymbol{b}_1 \in \mathcal{L}(\boldsymbol{B}^1)$(格是加法群).

(4) 由于 $\boldsymbol{v}$ 是格 $\mathcal{L}(\boldsymbol{B})$ 中的最短向量，$\boldsymbol{v}+\boldsymbol{b}_1$ 是在子格 $\mathcal{L}(\boldsymbol{B}^1)$ 中离 $\boldsymbol{b}_1$ 最近的向量，$\boldsymbol{v}+\boldsymbol{b}_1$ 正是函数 CVP($\boldsymbol{B}^i$, $\boldsymbol{b}_i$) 的输出 $\boldsymbol{u}_1$.

(5) $\boldsymbol{v}=\boldsymbol{u}_1-\boldsymbol{b}_1$ 就是格 $\mathcal{L}(\boldsymbol{B})$ 的最短向量.

由此，我们把 SVP 多项式归约到 CVP.

8.4　SVP 和 CVP 的近似版本

如果给定的格基不是很好(非常长)，严格计算 SVP 是很困难的.那么我们就把问题放宽一点儿，求“不那么严格的最短距离”，这就是 SVP 的宽松版本(近似版本).

定义 8.12(SVP_γ)　给定格基 $\boldsymbol{B}$, $\dim(\boldsymbol{B})=n$,函数 $\gamma \geqslant 1$, 函数 γ 一般是关于 n 的函数. 求 $\boldsymbol{v} \in \mathcal{L}(\boldsymbol{B})$, 满足

$$\| \boldsymbol{v} \| \leqslant \gamma\lambda_1(\mathcal{L})$$

同样,CVP 问题也有宽松(近似)版本.

定义 8.13(CVP_γ)　给定格基 $\boldsymbol{B}$, $\dim(\boldsymbol{B})=n$,向量 $\boldsymbol{t} \in \mathrm{span}(\boldsymbol{B})$,函数 $\gamma \geqslant 1$, 函数 γ 一般是关于 n 的函数.求 $\boldsymbol{v} \in \mathcal{L}(B)$, 满足

$$\forall y \in \mathcal{L},\ \| \boldsymbol{v}-\boldsymbol{t} \| \leqslant \gamma \| y-\boldsymbol{t} \|$$

加上一个近似参数 γ 之后,CVP 和 SVP 难度降低,解的数量变多.

8.4.1　SVP 变种

SVP 有 3 个常见的变种,常常被称为判定(decision)版本、计算(calculation)版本和搜索(search)版本:

定义 8.14(SVP 变种)

(1) 判定:给定格基 $\boldsymbol{B}$,实数 $d>0$,判定 $\lambda_1(\mathcal{L}) \leqslant d$ 或者 $\lambda_1(\mathcal{L})>d$.

(2) 计算:给定格基 $\boldsymbol{B}$,计算 $\lambda_1(\mathcal{L}(\boldsymbol{B}))$.

(3) 搜索:给定格基 $\boldsymbol{B}$,寻找 $\boldsymbol{v} \in \mathcal{L}(\boldsymbol{B})$,满足 $\| \boldsymbol{v} \| =\lambda_1(\mathcal{L}(\boldsymbol{B}))$.

显然,定义 8.10 是定义 8.14 中的搜索版本.如果有算法能解决计算版本,那么该算法也可以解决判定版本. 从而有归约关系:判定版本⩽计算版本.如果有算法能解决判定版本,那么可以利用该算法进行二叉搜索,搜索 d,解决计算版本. λ_1 是某个整数的平方根,进行二叉搜索需要限定搜索范围,才能保证多项式时间能搜索到某个整数.闵可夫斯基第一定理给出了搜索范围.于是有归约关系:计算版本⩽判定版本.SVP 的计算版本和搜索版本也是等价的.

同样,近似版本的 SVP 也有 3 个类似变种.

定义 8.15(SVP_γ变种)

(1) 判定 ($gapSVP_\gamma$):给定格基 $\boldsymbol{B}$, 实数 $d>0$, 判定 $\lambda_1(\mathcal{L}(\boldsymbol{B})) \leqslant d$ 或者 $\lambda_1(\mathcal{L}(B))>\gamma \cdot d$.

(2) 估算(estimation, $estSVP_\gamma$):给定格基 $\boldsymbol{B}$, 计算 d, 满足 $\lambda_1(\mathcal{L}(\boldsymbol{B})) \leqslant d \leqslant \gamma \cdot \lambda_1(\mathcal{L}(B))$.

(3) 搜索(SVP_γ):给定格基 $\boldsymbol{B}$, 寻找 $\boldsymbol{v} \in \mathcal{L}(\boldsymbol{B})$, 满足 $\lambda_1(\mathcal{L}(\boldsymbol{B}))<\| \boldsymbol{v} \| = \gamma \cdot \lambda_1(\mathcal{L}(\boldsymbol{B}))$.

显然搜索变种就是 SVP 的近似版本.近似版本的 3 个变种满足以下归约关系:

$$\mathrm{gapSVP}_\gamma \leqslant \mathrm{estSVP}_\gamma \leqslant \mathrm{SVP}_\gamma$$

$estSVP_\gamma \leqslant SVP_\gamma$ 很容易理解,只要用 SVP_γ找到 $\boldsymbol{v}$,那么 $d=\| \boldsymbol{v} \|$ 就能解决 $estSVP_\gamma$.

说明一下 $gapSVP_\gamma \leqslant SVP_\gamma$. $gapSVP_\gamma$中的 gap 表示间隔的意思,注意两个判定的边

界之间有一段间隔. gapSVP_γ的 d 不应该在这段间隔中(或者这样规定,如果 d 在这段间隔中,无论判定是什么,都算正确).用 SVP_γ 找到向量 $\boldsymbol{v}$,满足 $\lambda_1(\mathcal{L}(\boldsymbol{B})) < \|\boldsymbol{v}\| = \gamma \cdot \lambda_1(\mathcal{L}(\boldsymbol{B}))$. 考察以下两种情况.

(1) 如果 $\|\boldsymbol{v}\| \leqslant \gamma d$,那么 $\lambda_1 \leqslant \gamma d$. 显然,我们不能给出 $\lambda_1 > \gamma d$ 的结论.由于两个结论要二选一,于是我们输出 $\lambda_1 \leqslant d$ 作为结论.

(2) 如果 $\|\boldsymbol{v}\| > \gamma d$,那么 $\gamma d < \|\boldsymbol{v}\| \leqslant \gamma\lambda_1$,于是 $d < \lambda_1$. 这时,我们当然不能给出 $\lambda_1 \leqslant d$ 的结论.由于两个结论要二选一,于是我们输出 $\lambda_1 > \gamma d$ 作为结论.

命题 8.6　$\gamma \geqslant 1$, 证明或者证伪:

$$\text{SVP}_\gamma \leqslant \text{gapSVP}_\gamma$$

从截至目前的文献来看,这个问题还没有一个有效的结论.

8.4.2　格上多种多样的困难问题

研究格上的困难问题有近百年的历史了,产生了很多有代表性的经典困难问题.

定义 8.16(最短独立向量问题, shortest independent vectors problem, SIVP)　给定格基 $\boldsymbol{B}$, 求线性无关的向量 $\boldsymbol{v}_1, \cdots, \boldsymbol{v}_n \in \mathcal{L}(\boldsymbol{B})$, 满足:

$$\|\boldsymbol{v}_i\| \leqslant \lambda_n(\mathcal{L})$$

有界距离解码(bounded-distance decoding, BDD)问题类似 CVP,不过 BDD 问题对 $t \in \mathbb{R}^n$ 这个任意点做了限制,要求 t 点离格的距离在 $\lambda_1/2$ 之内.

定义 8.17(BDD)　给定格基 $\boldsymbol{B}$,实数 $d < \lambda_1(\mathcal{L})/2$, $t \in \mathbb{R}^n$,并且 $\text{dist}(\mathcal{L}, t) \leqslant d$, 即 t 和格上某点的距离小于 d.求 $\boldsymbol{v} \in \mathcal{L}(\boldsymbol{B})$, 满足

$$\forall y \in \mathcal{L},\ \|\boldsymbol{v} - \boldsymbol{t}\| \leqslant \gamma \|y - \boldsymbol{t}\|$$

即 V 是离 t 最近的格点.

绝对距离解码(absolute distance decoding, ADD)问题也与 BDD 问题类似,与 BDD 问题不同之处在于对 t 没有比较严格的约束.

近 30 年来的众多论文逐渐把这些困难问题的归约关系证明出来,目前有代表性的归约关系如图 8-8 所示.

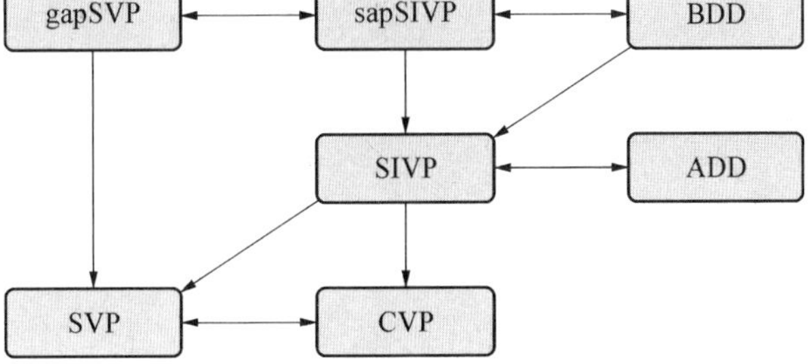

图 8-8　格上问题的归约关系

8.5　格基消解

我们需要有个算法来计算格的最短向量.如果基向量是相互正交的,求解最短向量问题是否容易?例如在笛卡尔坐标系整数格$\mathbb{Z}^2$中,CVP 是非常简单的.给定任意一个点 $V=(x, y)\in\mathbb{R}^2$,那么离 V 最近的格点就是($\lceil x\rfloor$, $\lceil y\rfloor$).也就是说只需要取整,就可以快速解决$\mathbb{Z}^2$中的 CVP.

线性代数的很多应用中都使用正交基,这是因为正交基有一些良好的代数性质.观察二维空间中的格基向量,似乎有这样的感觉:正交的格基向量看起来比较短.最短向量不好求解的原因是格基向量"不够好",于是我们把求最短向量问题转换为求更好的格基向量问题.

1982 年由 K. Lenstra, H. W. Lenstra 和 L. Lovász 设计的 LLL 算法是著名的格基消解算法,LLL 是 3 个发明人姓氏的首字母.LLL 算法可以将"不太好"的格基转化成"比较好"的格基.

衡量格基向量相互垂直程度的一种指标是正交性缺陷(orthogonality defect):

$$\frac{\|\boldsymbol{b}_1\|\cdot\|\boldsymbol{b}_2\|\cdot\cdots\cdot\|\boldsymbol{b}_n\|}{\det(\boldsymbol{B})}$$

根据阿达玛不等式(Hadamard inequality)可知,正交性缺陷是大于等于 1 的.正交性缺陷等于 1 当且仅当所有基向量都相互正交.于是求更好的格基向量问题就转换成为最小化正文性缺陷的优化问题. LLL 算法可以理解为一个优化正交性缺陷的算法.

8.5.1　施密特正交化

如果只考虑线性空间,不考虑格的要求,很容易想到施密特正交化(Gram-Schmidt orthogonalization)算法就是优化正交性缺陷的算法,施密特正交化算法的输出就是正交基. LLL 算法可以看作施密特正交化算法在格上的变种.这里回顾一下施密特正交化算法,这样更有助于理解 LLL 算法.

给定 $\boldsymbol{B}=(\boldsymbol{b}_1, \cdots, \boldsymbol{b}_n)$,用施密特正交化算法对 $j=1, 2, 3, \cdots, n$ 进行计算:

$$\boldsymbol{b}_1^*=\boldsymbol{b}_1$$

$$\boldsymbol{b}_2^*=\boldsymbol{b}_2-\mu_{1,2}\cdot\boldsymbol{b}_1^*\text{,其中 }\mu_{1,2}=\langle\boldsymbol{b}_2, \boldsymbol{b}_1^*\rangle/\langle\boldsymbol{b}_1^*, \boldsymbol{b}_1^*\rangle$$

$$\cdots$$

$$\boldsymbol{b}_j^*=\boldsymbol{b}_j-\sum_{i<j}\mu_{i,j}\cdot\boldsymbol{b}_i^*\text{,其中 }\mu_{i,j}=\langle\boldsymbol{b}_j, \boldsymbol{b}_i^*\rangle/\langle\boldsymbol{b}_i^*, \boldsymbol{b}_i^*\rangle$$

其中,$\mu_{i,j}=\dfrac{\langle\boldsymbol{b}_j, \boldsymbol{b}_i^*\rangle}{\|\boldsymbol{b}_i^*\|^2}$是施密特系数.

可以验证经过施密特正交化算法得到的 $\boldsymbol{b}_1^*$，…，$\boldsymbol{b}_n^*$ 是两两正交的.

例 8.16　$\boldsymbol{b}_1^*$ 和 $\boldsymbol{b}_2^*$ 是正交的：

$$\langle \boldsymbol{b}_2^*, \boldsymbol{b}_1^* \rangle = \langle \boldsymbol{b}_2, \boldsymbol{b}_1^* \rangle - \mu_{1,2} \langle \boldsymbol{b}_1^*, \boldsymbol{b}_1^* \rangle = 0$$

例 8.17

```
A = matrix(QQ, [[-2,   8,   19],   [-2, 11, -14], [ 1, -7,   -8]])
print(A)
B = A.T.gram_schmidt()
(B[0].T, B[1].T)
[ -2   8   19]
[ -2  11 -14]
[  1  -7  -8]
----------------------------------
[-2  -2    7]  [ 1 -5 -2]
[-2    1 -14]  [ 0  1 -4]
[  1  -2 -14], [ 0  0  1]
```

因为格是基向量的整数线性组合，而施密特正交化算法得到的系数不一定是整数.所以经过施密特正交化算法得到的正交基不一定是格的基向量，如图 8-9 所示，显然 $\boldsymbol{b}_2^*$ 不在格 $\mathcal{L}(\boldsymbol{B})$ 中.

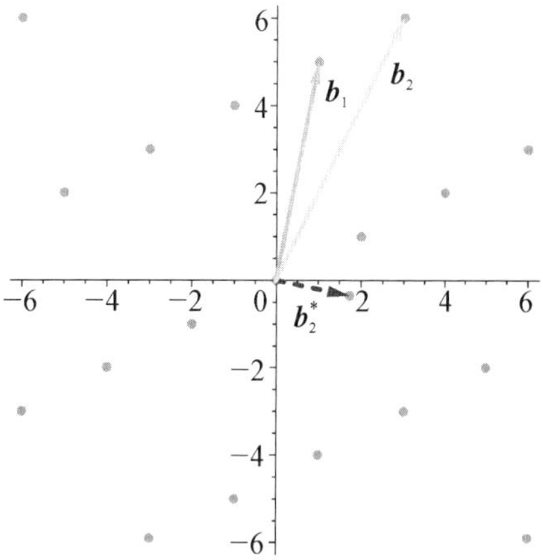

图 8-9　施密特正交化算法

可以用矩阵的形式把施密特正交化算法写成：

$$\boldsymbol{B} = (\boldsymbol{b}_1, \cdots, \boldsymbol{b}_n) = (\boldsymbol{b}_1^*, \cdots, \boldsymbol{b}_n^*) \cdot \begin{pmatrix} 1 & \mu_{1,2} & \cdots & \mu_{1,n} \\ & 1 & \cdots & \mu_{2,n} \\ & & \ddots & \vdots \\ & & & 1 \end{pmatrix} = \boldsymbol{B}^* \cdot \boldsymbol{U}$$

其中，$\boldsymbol{U} \in \mathbb{R}^{n \times n}$ 是一个上三角矩阵，显然 $\det(\boldsymbol{U}) = 1$. 还可以进一步把 $\boldsymbol{B}^*$ 的每一个列向量除以该列的长度，得到归一化的矩阵 $\boldsymbol{Q}$.

$$\boldsymbol{B}^* = \boldsymbol{Q} \cdot \begin{pmatrix} \|\boldsymbol{b}_1^*\| & & & \\ & \|\boldsymbol{b}_2^*\| & & \\ & & \ddots & \\ & & & \|\boldsymbol{b}_n^*\| \end{pmatrix} = \boldsymbol{Q} \cdot \boldsymbol{D}$$

其中，$\boldsymbol{Q} \in \mathbb{R}^{n\times n}$ 是一个正交矩阵，$\boldsymbol{Q}^{\mathrm{T}} \cdot \boldsymbol{Q} = \boldsymbol{E}$，显然 $\det(\boldsymbol{Q}) = 1$. 于是，

$$\boldsymbol{B} = \boldsymbol{Q} \cdot \boldsymbol{D} \cdot \boldsymbol{U}$$

其中，$\boldsymbol{Q}$ 是单位正交矩阵，$\boldsymbol{D}$ 是对角矩阵，$\boldsymbol{U}$ 是上三角矩阵.

施密特正交化算法得到的正交向量与格理论也有很强的联系.

命题 8.7 给定格 $\mathcal{L}(\boldsymbol{B})$，则有 $\det(\mathcal{L}) = \prod_{i=1}^{n} \| \boldsymbol{b}_i^* \|$，其中，$\boldsymbol{b}_i^*$ 是施密特正交化算法得到的正交向量.

格的定义 8.2 中描述格是离散的点，离散的意思就是点与点之间的距离不能无限小. 下面的命题给出格点离散的证明.

命题 8.8 给定格 $\mathcal{L}(\boldsymbol{B})$，则有 $\lambda_1(\mathcal{L}) \geqslant \min_i \| \boldsymbol{b}_i^* \|$，其中 $\boldsymbol{b}_i^*$ 是施密特正交化算法得到的正交向量.

证明： 任选一个 $\boldsymbol{v} \in \mathcal{L}$，那么存在一个整数向量 $\boldsymbol{z}$，使得 $\boldsymbol{v} = \boldsymbol{B}\boldsymbol{z}$. 假设 z_j 是 $\boldsymbol{z}$ 中最后一个不为零的整数.

$$\boldsymbol{v} = \boldsymbol{B}\boldsymbol{z} = \boldsymbol{B}^* \begin{pmatrix} 1 & \mu_{1,2} & \cdots & \mu_{1,n} \\ & 1 & \cdots & \mu_{2,n} \\ & & \ddots & \vdots \\ & & & 1 \end{pmatrix} \begin{pmatrix} z_1 \\ \vdots \\ z_j \\ 0 \\ \vdots \\ 0 \end{pmatrix} = \boldsymbol{B}^* \begin{pmatrix} ? \\ \vdots \\ z_j \\ 0 \\ \vdots \\ 0 \end{pmatrix} = ?\boldsymbol{b}_1^* + \cdots + z_j \boldsymbol{b}_j^*$$

上式中的“?”表示任意的数.

由于 $\boldsymbol{b}_i^*$ 相互正交，

$$|\langle \boldsymbol{v}, \boldsymbol{b}_j^* \rangle| = |z_j| \cdot \| \boldsymbol{b}_j^* \|^2$$

根据柯西-施瓦茨不等式(Cauchy-Schwarz inequality)，$|\langle \boldsymbol{v}, \boldsymbol{b}_j^* \rangle| \leqslant \| \boldsymbol{v} \| \cdot \| \boldsymbol{b}_j^* \|$，$z_j$ 是不为零的整数，于是可得

$$\| \boldsymbol{v} \| \geqslant \frac{|\langle \boldsymbol{v}, \boldsymbol{b}_j^* \rangle|}{\| \boldsymbol{b}_j^* \|} = |z_j| \cdot \| \boldsymbol{b}_j^* \| \geqslant \| \boldsymbol{b}_j^* \| \geqslant \min_i \| \boldsymbol{b}_i^* \|$$

$\boldsymbol{v}$ 是格中任意向量，因此得证.

利用施密特正交化算法得到的正交向量证明闵可夫斯基第二定理.

命题 8.9(闵可夫斯基第二定理证明)

$$\left(\prod_{i=1}^{n} \lambda_i(\mathcal{L})\right)^{1/n} \leqslant \sqrt{n} \cdot \det(\mathcal{L})^{1/n}$$

证明： 假设我们有向量 $\boldsymbol{b}_1, \cdots, \boldsymbol{b}_n$ 满足 $\| \boldsymbol{b}_i \| = \lambda_i(\mathcal{L})$，我们考虑由 $\boldsymbol{b}_1, \cdots, \boldsymbol{b}_n$ 生成

的格(不一定是格 $\mathcal{L}$)$\mathcal{L}(\boldsymbol{b}_1, \cdots, \boldsymbol{b}_n) \subseteq \mathcal{L}$.

考虑一个椭球体 T,定义如下:

$$T=\left\{y \in \mathbb{R}^n \,\middle|\, \sum_{i=1}^{n}\left(\frac{\langle y, \boldsymbol{b}_i^*\rangle}{\|\boldsymbol{b}_i^*\|\lambda_i}\right)<1\right\}$$

证明 T 中不包含非零的格点.(反证)假设 T 中存在一个非零格点 $\boldsymbol{y} \in \mathcal{L}$, $\boldsymbol{y} \neq 0$.显然,$\lambda_1 \leqslant \|\boldsymbol{y}\| \leqslant \lambda_n$,不失一般性,假设 k 是最大的整数,满足 $\lambda_k \leqslant \|y\| \leqslant \lambda_{k+1}$. 那么

$$\boldsymbol{y} \in \operatorname{span}((\boldsymbol{b}_1, \cdots, \boldsymbol{b}_k))=\operatorname{span}(\boldsymbol{b}_1^*, \cdots, \boldsymbol{b}_k^*)$$

如果不是这样,那么 $\boldsymbol{b}_1, \cdots, \boldsymbol{b}_k, \boldsymbol{y}$ 就是 $k+1$ 个线性无关的向量,并且长度小于 λ_{k+1},矛盾.计算:

$$\begin{aligned}\sum_{i=1}^{n}\left(\frac{\langle \boldsymbol{y}, \boldsymbol{b}_i^*\rangle}{\|\boldsymbol{b}_i^*\|\lambda_i}\right)^2 &=\sum_{i=1}^{k}\left(\frac{\langle \boldsymbol{y}, \boldsymbol{b}_i^*\rangle}{\|\boldsymbol{b}_i^*\|\lambda_i}\right)^2 \\ &\geqslant \sum_{i=1}^{k} \frac{1}{\lambda_k^2}\left(\frac{\langle \boldsymbol{y}, \boldsymbol{b}_i^*\rangle}{\|\boldsymbol{b}_i^*\|}\right)^2 \\ &=\frac{\|\boldsymbol{y}\|^2}{\lambda_k^2} \geqslant 1\end{aligned}$$

于是 $\boldsymbol{y}$ 不在 T 中.

由闵可夫斯基第一定理,可得 $\operatorname{vol}(T) \leqslant 2^n \det(\mathcal{L})$.(否则,$T$ 中会包含一个非零格点.)

综上可得

$$2^n \det(\mathcal{L}) \geqslant \operatorname{vol}(T)=\left(\prod_{i=1}^{n} \lambda_i\right) \operatorname{vol}(\boldsymbol{B}(0, 1)) \geqslant\left(\prod_{i=1}^{n} \lambda_i\right)\left(\frac{2}{\sqrt{n}}\right)^n$$

其中,$\boldsymbol{B}(0, 1)$ 是以 0 为圆心,1 为半径的球体,然后稍做整理:

$$\left(\prod_{i=1}^{n} \lambda_i\right)^{1/n} \leqslant \sqrt{n}\,(\det(\mathcal{L}))^{1/n}$$

8.5.2 LLL 算法

LLL 算法和欧几里得算法(辗转相除法)有一些相似之处,欧几里得算法可以看作一维格上求最小距离的例子. LLL 算法和欧几里得算法都包含 2 个步骤:“长度消解(size reduce)” 和“交换(swap)”.

(1) LLL 设计的第一个思想是长度消解. LLL 算法类似施密特正交化算法来消解格基向量 $\boldsymbol{b}_i$. 如果基向量 $\boldsymbol{b}_i$ 是正交的,那么施密特系数都应该是 0,此时正交性缺陷达到最小值 1. 为了保证格定义所需的整数倍线性组合,我们只能让 $\boldsymbol{b}_i$ 减去 $\boldsymbol{b}_j$ 的整数倍. 这样的

$\boldsymbol{\mu}_{i,j}$ 不会是 0，不过我们能做到让 $|\mu_{i,j}|<1/2$，$1\leqslant j<i\leqslant n$. 这是因为，如果 $|\mu_{i,j}|\geqslant 1/2$，我们可以令

$$\boldsymbol{b}_i=\boldsymbol{b}_i-\lceil\mu_{i,j}\rfloor\boldsymbol{b}_j$$

从而使 $|\mu_{i,j}|<1/2$.

(2) LLL 设计的第二个思想是保持 Lovász 条件：

$$\frac{3}{4}\|\boldsymbol{b}_i^*\|^2\leqslant\|\mu_{i,i+1}\boldsymbol{b}_i^*+\boldsymbol{b}_{i+1}^*\|^2$$

其中，$i=1,3,\cdots,n-1$，$\boldsymbol{b}_i^*$ 按照施密特正交化计算.

如果 $\boldsymbol{b}_i^*$ 和 $\boldsymbol{b}_{i+1}^*$ 不满足 Lovász 条件，LLL 算法就把 $\boldsymbol{b}_i$ 和 $\boldsymbol{b}_{i+1}$ 交换顺序. 交换顺序后，相应的施密特系数也要更新一下，然后再进行长度消解步骤.

K. Lenstra、H. W. Lenstra 和 L. Lovász 证明了上述步骤迭代进行下去，LLL 算法可以在多项式时间(关于 n 和输入向量长度的多项式)内终止，最终优化得到的正交性缺陷满足

$$1\leqslant\frac{\|\boldsymbol{b}_1\|\cdot\|\boldsymbol{b}_2\|\cdot\cdots\cdot\|\boldsymbol{b}_n\|}{\det(\boldsymbol{B})}\leqslant 2^{n(n-1)/4}$$

定义 8.18　给定格基 $\boldsymbol{B}=(\boldsymbol{b}_1,\cdots,\boldsymbol{b}_n)$，如果满足下列 2 个条件，那么 $\boldsymbol{B}$ 是 LLL-消解.

(1) 对所有 $i<j$，有 $|\mu_{i,j}|\leqslant 1/2$.

(2) 对所有 $1\leqslant i<n$，有 $\frac{3}{4}\|\boldsymbol{b}_i^*\|^2\leqslant\|\mu_{i,i+1}\boldsymbol{b}_i^*+\boldsymbol{b}_{i+1}^*\|^2$.

命题 8.10　如果格基 $\boldsymbol{B}=(\boldsymbol{b}_1,\cdots,\boldsymbol{b}_n)$ 是 LLL-消解，那么对所有 $1\leqslant i<n$，有

$$\|\boldsymbol{b}_{i+1}^*\|^2\geqslant\frac{1}{2}\|\boldsymbol{b}_i^*\|^2$$

证明： 由于施密特正交化得到的向量两两正交，以及由毕达哥拉斯定理得

$$\begin{aligned}\frac{3}{4}\|\boldsymbol{b}_i^*\|^2&\leqslant\|\mu_{i,i+1}\boldsymbol{b}_i^*+\boldsymbol{b}_{i+1}^*\|^2\\&=\mu_{i,i+1}^2\cdot\|\boldsymbol{b}_i^*\|^2+\|\boldsymbol{b}_{i+1}^*\|^2\\&\leqslant\frac{1}{4}\|\boldsymbol{b}_i^*\|^2+\|\boldsymbol{b}_{i+1}^*\|^2\end{aligned}$$

$$\frac{1}{2}\|\boldsymbol{b}_i^*\|^2\leqslant\|\boldsymbol{b}_{i+1}^*\|^2$$

故得证.

命题 8.11　用 LLL 算法输出的格 $\mathcal{L}$ 基向量为 $\boldsymbol{b}_1,\cdots,\boldsymbol{b}_n$，则 $\boldsymbol{b}_1$ 满足以下界：

$$\|\boldsymbol{b}_1\|\leqslant 2^{(n-1)/2}\cdot\lambda_1(\mathcal{L})$$

证明: $\boldsymbol{b}_1=\boldsymbol{b}_1^*$，由命题 8.10，$\|\boldsymbol{b}_{i+1}^*\|\geqslant\frac{1}{\sqrt{2}}\|\boldsymbol{b}_i^*\|$.那么对于 $1\leqslant i<n$，不断应用这个性质可得

$$\|\boldsymbol{b}_1\|\leqslant 2^{(i-1)/2}\cdot\|\boldsymbol{b}_i^*\|\leqslant 2^{(n-1)/2}\cdot\|\boldsymbol{b}_i^*\|$$

由命题 8.8 可知，$\lambda_1(\mathcal{L})\geqslant\min_i\|\boldsymbol{b}_i^*\|$，于是可得

$$\|\boldsymbol{b}_1\|\leqslant 2^{(n-1)/2}\cdot\min_i\|\boldsymbol{b}_i^*\|\leqslant 2^{(n-1)/2}\cdot\lambda_1(\mathcal{L})$$

由此可见，可以用 LLL 算法来计算一个较短的格基向量 $\boldsymbol{b}_1$，这个格基向量最多是 $\lambda_1(\mathcal{L})$ 的 $2^{(n-1)/2}$ 倍.

小结一下，LLL 算法的主要步骤如下.

(1) 输入 $\boldsymbol{b}_1, \cdots, \boldsymbol{b}_n$，调用施密特正交化算法得到 $\boldsymbol{b}_1^*, \cdots, \boldsymbol{b}_n^*$ 以及相应的施密特系数 $\mu_{i,j}$.

(2) 对 $\boldsymbol{b}_1, \cdots, \boldsymbol{b}_n$，执行长度消解.

```
for j = 2 to n:
        for i = j - 1 to 1 :
          bj = bj -⌈μi,j⌋ bi
```

(3) 如果对于某个 $\boldsymbol{b}_i^*$，$\boldsymbol{b}_{i+1}^*$，Lovász 条件不满足，那么交换 $\boldsymbol{b}_i$，$\boldsymbol{b}_{i+1}$ 的顺序，回到第(1)步.

LLL 算法有很多开源的实现方法，具体细节可以参考开源代码.

例 8.18　$\boldsymbol{b}_1=(1, 1, 1)^{\mathrm{T}}$，$\boldsymbol{b}_2=(-1, 0, 2)^{\mathrm{T}}$，$\boldsymbol{b}_3=(3, 5, 6)^{\mathrm{T}}$，用 LLL 算法计算消解格基.

```
B = matrix([[1, 1, 1],   [-1, 0, 2],   [3, 5, 6]])
print(B.T)
print("-------------")
B2 = B.LLL().T
print(B2)
[ 1 -1  3]  [ 0  1 -1]
[ 1  0  5]  [ 1  0  0]
[ 1  2  6], [ 0  1  2]
```

需要注意 SageMath 计算 LLL 的时候是行向量优先还是列向量优先.计算可得，正交性缺陷从最初的 36.095 变成 1.054.

例 8.19

```
B = matrix([[ 1, 9, 1, 2], [ 1, 8, 8, 3], [7, 4, 5, 1], [ 2, 6, 7, 1] ])
C = matrix([[0, 0, 1, -1], [ 0, 1, -1,   0], [0,   0,   0, 1], [ 1, -3,
```

```
3, -2] ])
    print(B)
    print("----------")
    B2= B.T.LLL().T
    print(B2)
    print("----------")
    print(B*C)
    [1 9 1 2]    [ 2   3 -2 -4]    [ 2   3 -2 -4]
    [1 8 8 3]    [ 3 -1   2   1]    [ 3 -1   2   1]
    [7 4 5 1]    [ 1   1   6 -4]    [ 1   1   6 -4]
    [2 6 7 1],   [ 1   3 -1   3],   [ 1   3 -1   3]
```

计算可得,正交性缺陷从最初的 8.851 变成 1.402.

8.5.3 背包问题

背包问题(knapsack problem)是计算复杂度理论中经典的 NP 完全问题(NP - complete problem).默克勒-赫尔曼(Merkle - Hellman)背包密码算法利用背包问题设计了公钥密码最早的一种原型.

定义 8.19 给定 r 个权重:$\boldsymbol{W}=(w_1, w_2, \cdots, w_r)\in\mathbb{R}^r$,给定数值 $h\in\mathbb{R}$.计算 $x_1, x_2, \cdots, x_r\in\{0, 1\}$ 使得

$$h=w_1x_1+w_2x_2+\cdots+w_rx_r$$

例 8.20 $\boldsymbol{W}=(4, 3, 9, 1, 12, 17, 19, 23)$, $h=35$. 这个背包问题的解为 $(x_1, \cdots, x_r)=(0, 1, 0, 1, 1, 0, 1, 0)$.

虽然背包问题是 NP 完全问题,然而在某些特殊情况下,背包问题不是困难问题.例如,当权重是超递增的情况下,背包问题就非常容易.

定义 8.20 如果权向量 $\boldsymbol{W}$ 满足如下 2 个条件,那么 $\boldsymbol{W}$ 是超递增的.

(1) $(w_1, w_2, \cdots, w_r)$按照从小到大的顺序排列.

(2) $w_i>\sum_{j<i}w_j$, 即每个 w_i 比前面的所有权重之和都大.

例 8.21 $\boldsymbol{W}=(2, 3, 6, 12, 25, 51, 103, 207)$ 是超递增的.

默克勒-赫尔曼加密将权向量作为公钥,不过不是直接把超递增的权向量作为公钥,而是把超递增的权向量稍做变化(例如模一个数),使其看起来像一个普通的权向量.背包密码算法的加密工作如下.

- **算法初始化:** 生成公钥和私钥. Alice 生成一个超递增的权向量 $\boldsymbol{W}=(w_1, \cdots, w_r)$.选择模数 n,满足 $n>\sum_i w_i$. 选择一个系数 s,满足 $\mathrm{GCD}(s, n)=1$. Alice 计算:

$$\boldsymbol{Y}=(t_1,\ t_2,\ \cdots,\ t_r)=(w_1 s,\ w_2 s,\ \cdots,\ w_r s) \bmod n$$

Alice 将 $\boldsymbol{Y}$ 公开，作为自己的公钥. Alice 将 $\boldsymbol{W},\ n,\ s$ 作为自己的私钥.

- **加密：** Bob 将需要传输的消息表示为长为 r 的二进制串 $\boldsymbol{M}=(m_1,\ \cdots,\ m_r)\in\{0,\ 1\}^r$，计算密文 C：

$$C=m_1 t_1+m_2 t_2+\cdots+m_r t_4$$

- **解密：** Alice 计算 $X=Cs^{-1} \bmod n$. 然后用超递增的 $\boldsymbol{W}$ 来求解 Knapsack 问题，从而得到 $\boldsymbol{M}$.

例 8.22　Alice 选择 $\boldsymbol{W}=(2,\ 3,\ 6,\ 12,\ 25,\ 51,\ 103,\ 207)$，$n=491$，$s=37$，$s^{-1}=146$ 为自己的私钥. Alice 的公钥为 $\boldsymbol{Y}=(74,\ 111,\ 222,\ 444,\ 434,\ 414,\ 374,\ 294)$.

Bob 的明文为 $\boldsymbol{M}=(1,\ 0,\ 0,\ 1,\ 0,\ 1,\ 0,\ 1)$. 加密得到密文：

$$C=1\times 74+0\times 111+0\times 222+\cdots+0\times 374+1\times 294=1\,226$$

Alice 收到密文，计算 $Cs^{-1} \bmod n=1\,226\times 146 \bmod 491=272$. 然后 Alice 用超递增的 $\boldsymbol{W}$ 来求解 Knapsack 问题，容易验证得到的解就是 $\boldsymbol{M}$.

背包密码算法设计简单，基于 NP 完全困难问题，看起来很有应用前景. 不过 1983 年 Shamir 利用格基消解破解了背包密码，背包密码从来没有实际应用过.

用格基消解针对的是一般的背包密码，不需要超递增的背包密码. $\boldsymbol{Y}$ 为公钥，$\boldsymbol{I}$ 为单位矩阵，C 为密文，构造矩阵 $\boldsymbol{B}_{(r+1)\times(r+1)}$：

$$\boldsymbol{B}=\begin{pmatrix}\boldsymbol{I}_{r\times r} & 0_{r\times 1}\\ \boldsymbol{Y}_{1\times r} & -C_{1\times 1}\end{pmatrix}$$

$\boldsymbol{M}$ 是明文，构造向量 $\boldsymbol{V}_{(r+1)\times 1}$：

$$\boldsymbol{V}=(\boldsymbol{M}_{1\times r}\quad 1_{1\times 1})^{\mathrm{T}}$$

容易验证：

$$\boldsymbol{BV}=(\boldsymbol{M}_{1\times r}\quad 0_{1\times 1})^{\mathrm{T}}=\boldsymbol{U}$$

观察上式可得结论：

(1) $\boldsymbol{B}$ 是满秩的格基；

(2) $\boldsymbol{V}$ 是整数向量；

(3) $\boldsymbol{U}$ 在格 $\mathcal{L}(\boldsymbol{B})$ 中；

(4) $\boldsymbol{U}$ 有很特殊的形式(前面 r 个元素都是 0 或者 1，最后一个是 0)，长度应该很小.

于是，Shamir 巧妙运用 LLL 算法来做格基消解，从而得到 $\mathcal{L}(\boldsymbol{B})$ 更短格基，当然格基向量也是格中的向量. 如果某个较短向量正好有 $\boldsymbol{U}$ 的特殊形式，那么 $\boldsymbol{U}$ 前面的 r 个元素就是 $\boldsymbol{M}$. 当然，LLL 算法不能保证成功得到最短的向量，不过从下面的例子可以看出，其有一定的成功概率.

例 8.23

```
r = 8
C = 1226
I = matrix.identity(r)
Y = matrix(QQ, [74, 111, 222, 444, 434, 414, 374, 294])
B = matrix(r+1, r+1, 0)
B.set_block(0, 0, I)
B.set_block(r, 0, Y)
B.set_block(r, r, matrix(QQ, [-C]))
print(B)
B2 = B.T.LLL()
print(B2.T)
```

输出矩阵 ***B***：

```
[  1    0    0    0    0    0    0    0       0]
[  0    1    0    0    0    0    0    0       0]
[  0    0    1    0    0    0    0    0       0]
[  0    0    0    1    0    0    0    0       0]
[  0    0    0    0    1    0    0    0       0]
[  0    0    0    0    0    1    0    0       0]
[  0    0    0    0    0    0    1    0       0]
[  0    0    0    0    0    0    0    1       0]
[ 74  111  222  444  434  414  374  294   -1226]
```

输出 LLL 的结果：

```
[1   0   0   0   0   0  -1   2   0]
[0   0  -2  -1   1   1   0   0   1]
[0  -2   1  -1   0   1  -1  -1   1]
[1   1   0   0   1   0   0  -1   0]
[0   0   0   0  -1   0   0   0  -2]
[1   0   0   1  -1   1   0  -1   2]
[0   0   0  -1   0  -2   0   0   0]
[1   0   0   1   1   0   1  -1  -1]
[0   0   0   1   1  -1  -2   0  -1]
```

观察一下，第一列就是特殊形式的向量，即明文 ***M***. 非常幸运.

8.6　格上常用的问题

使用格来构造密码算法的时候，一般没有直接使用 gapSVP 等经典问题，而是使用了短整数解(short integers solutions，SIS)问题和容错学习(earning with errors，LWE)问题.SIS 问题比较擅长构造单向散列函数和数字签名的应用，LWE 问题比较擅长构造公钥加密算法、基于身份的加密和同态加密算法.

8.6.1　SIS 问题

SIS 问题是 Ajtai 提出的.从线性代数的角度来看，SIS 和 LWE 两个问题是紧密相关的.SIS 问题和线性方程求解有密切的联系.

考虑如下 $\mathbb{Z}_q$ 上的线性方程，其中 $\boldsymbol{A} \in \mathbb{Z}_q^{n \cdot m}$，$\boldsymbol{s} \in \mathbb{Z}_q^m$：

$$\boldsymbol{A}\boldsymbol{s} = \boldsymbol{0}$$

使用高斯消元法，这个线性方程很容易求出 $\boldsymbol{s}$. 如果我们再加一个限制：向量 $\boldsymbol{s}$ 的长度“比较短小”，那么求解 $\boldsymbol{s}$ 就会变得比较困难.这个问题变成了 SIS 问题.

定义 8.21(SIS)　$\boldsymbol{a}_i \in \mathbb{Z}_q^n$，$i = 1, \cdots, m$，求非零的小向量 $\boldsymbol{s} = (s_1, \cdots, s_m) \in \mathbb{Z}_q^m$，满足：

$$s_1 \cdot \boldsymbol{a}_1 + s_2 \cdot \boldsymbol{a}_2 + \cdots + s_m \cdot \boldsymbol{a}_m = 0 \in \mathbb{Z}_q^n$$

SIS 的定义写成矩阵形式就是求较短的 $\boldsymbol{s}$，满足 $\boldsymbol{A}\boldsymbol{s} = 0$.

向量的大小可以用向量的欧几里得空间长度来衡量，例如假设所有 s_i 都满足 $s_i \in \{-1, 0, 1\}$，那么显然 $\boldsymbol{s}$ 是小向量.对于 $\boldsymbol{s}$，要限制其长度，如果不限制长度的话，显然 $(q, 0, 0, \cdots, 0)$就是一个解，然而这个解没有什么用处.

SIS 问题看起来很像线性方程求解，所以其难度常常被低估.假设所有 s_i 都满足 $s_i \in \{0, 1\}$，那么显然 $\boldsymbol{s}$ 是小向量，这时 SIS 问题就转换为子集和问题(subset sum problem).子集和问题是著名的 NP 完全问题，由此可以看出 SIS 问题的难度.

抗碰撞的 Hash 函数是密码基本算法之一，类似 SHA256 的算法虽然计算速度快，但是其抗碰撞性是很难证明的.基于 SIS 问题构造抗碰撞 Hash 函数的好处是安全性可以用规约证明的方法与 SIS 问题联系起来.

例 8.24　$\boldsymbol{A} \in \mathbb{Z}_q^{n \cdot m}$，定义抗碰撞的 Hash 函数 $f_A(\boldsymbol{x})$：$\{0, 1\}^m \to \mathbb{Z}_q^n$：

$$f_A(\boldsymbol{x}) = \boldsymbol{A}\boldsymbol{x}$$

该函数的输入是$\{0, 1\}$上长为 m 的比特串，输出的 Hash 值是$\mathbb{Z}_q^n$上的元素.

抗碰撞性分析：假设我们能找到一个碰撞对 $\boldsymbol{x}$，$\boldsymbol{x}'$，满足 $f_A(\boldsymbol{x}) = f_A(\boldsymbol{x}')$，即 $\boldsymbol{A}\boldsymbol{x} =$

$\boldsymbol{Ax}'$.计算 $\boldsymbol{z}=\boldsymbol{x}-\boldsymbol{x}'$,显然 $z_i\in\{-1, 0, 1\}$, $\boldsymbol{z}$ 的长度 $\|\boldsymbol{z}\|\leqslant\sqrt{m}$,是比较小的向量.于是 $\boldsymbol{z}$ 是 SIS 问题的解,能找到碰撞对意味着能解决 SIS 问题.

8.6.2 LWE 问题

LWE 问题是 Regev 在文章"On lattices, learning with errors, random linear codes"中提出的,Regev 为此获得了 2018 年的哥德尔奖. LWE 问题比较灵活,可以构造多种加密算法,尤其在同态加密领域有独特的优势.LWE 问题也与线性方程组求解有关.

考虑如下 $\mathbb{Z}_q$上的线性方程,其中 $\boldsymbol{A}\in\mathbb{Z}_q^{n\cdot m}$, $\boldsymbol{s}\in\mathbb{Z}_q^n$, $\boldsymbol{b}\in\mathbb{Z}_q^m$, $\boldsymbol{e}\in\mathbb{Z}_q^m$ 是长度比较小的噪声向量.

$$\boldsymbol{A}^{\mathrm{T}}\boldsymbol{s}=\boldsymbol{b}$$

使用高斯消元法,这个线性方程很容易求出 $\boldsymbol{s}$. 如果我们在方程左边加入比较小的噪声向量 $\boldsymbol{e}$, 方程变成如下形式:

$$\boldsymbol{A}^{\mathrm{T}}\boldsymbol{s}+\boldsymbol{e}=\boldsymbol{b}$$

如果仍然使用高斯消元法,噪声向量会在高斯消元的过程中不断扩大,导致方程无法求解.在有噪声的情况下求解 $\boldsymbol{s}$ 就会变得比较困难,这个问题就是 LWE 问题.

定义 8.22 LWE 正整数 $n, q\in\mathbb{Z}^+$, 令 χ 表示$\mathbb{Z}$上的概率分布(称为噪声分布,一般使用均值为 0,方差较小的高斯分布), $\boldsymbol{s}\leftarrow\mathbb{Z}_q^n$为 $\mathbb{Z}_q^n$ 上的秘密向量, $\boldsymbol{A}\leftarrow\mathbb{Z}_q^{n\times m}$ 是随机选择的矩阵, $\boldsymbol{e}\leftarrow\mathbb{Z}_q^m$ 为按照 χ 分布在 $\mathbb{Z}_q^m$ 中采样的噪声向量.计算 $\boldsymbol{b}=\boldsymbol{A}^{\mathrm{T}}\boldsymbol{s}+\boldsymbol{e}$.

LWE 问题可以分为判定版本和搜索版本.

判定 LWE: 判断二元组 $(\boldsymbol{A}, \boldsymbol{b})$ 是按照上述方法生成的,还是在 $\mathbb{Z}_q^{n\times m}\times\mathbb{Z}_q^m$ 上均匀随机采样的?

搜索 LWE: 给定一个按照上述方法生成的二元组 $(\boldsymbol{A}, \boldsymbol{b})$,计算秘密向量 $\boldsymbol{s}$.

LWE 问题的难度不低于格上的最坏情况问题.在合适的参数设置下,LWE 是困难问题,目前没有找到有效的算法来解决 LWE 问题.

例 8.25 利用 LWE 问题可以构造一个简单的公钥加密方案.随机选择 $\boldsymbol{s}\in\mathbb{Z}_q^n$, $\boldsymbol{s}$ 需要保密,作为私钥.指定一个噪声分布 χ,一般使用高斯分布.随机选择 n 个 $\boldsymbol{a}_i\in\mathbb{Z}_q^n$, 从 χ 中采样 n 个 e_i,我们可以计算 n 个二元组 $(\boldsymbol{a}_i, \langle\boldsymbol{a}_i, \boldsymbol{s}+e_i\rangle)$.如果矩阵 $\boldsymbol{A}=(\boldsymbol{a}_1^{\mathrm{T}}, \boldsymbol{a}_2^{\mathrm{T}}, \cdots, \boldsymbol{a}_n^{\mathrm{T}})^{\mathrm{T}}$, $\boldsymbol{e}=[e_1, e_2, \cdots, e_n]^{\mathrm{T}}$,那么这 n 个二元组也可以使用矩阵的形式,记作 $(\boldsymbol{A}, \boldsymbol{A}^{\mathrm{T}}\boldsymbol{s}+\boldsymbol{e})$,这个矩阵形式的二元组可以公开.根据 LWE 问题的定义,从公开的信息恢复 $\boldsymbol{s}$ 是困难的.

定义公钥 $\mathrm{pk}=(\boldsymbol{A}, \boldsymbol{A}^{\mathrm{T}}\boldsymbol{s}+\boldsymbol{e})$, 可以看出公钥的确是可以公开的.

加密消息: 假设消息 $\mu\in\mathbb{Z}_q^n$, 计算一个二元组 $\boldsymbol{c}=(c_0, c_1)=(0, \mu)+\mathrm{pk}=(\boldsymbol{A}, \mu+$

$\boldsymbol{A}^{\mathrm{T}} \cdot \boldsymbol{s}+\boldsymbol{e}$). $\boldsymbol{c}$ 就是加密后的密文.

解密消息: 使用 $\boldsymbol{s}$ 来解密密文 $\boldsymbol{c}$. 计算 $\widetilde{\mu}=-\boldsymbol{c}_0^{\mathrm{T}} s-\boldsymbol{c}_1=\mu+\boldsymbol{A} \cdot \boldsymbol{s}+\boldsymbol{e}-\boldsymbol{A} \cdot \boldsymbol{s} \approx \mu$

由于 $\boldsymbol{A}$ 是随机选取的,因此 $\boldsymbol{A}^{\mathrm{T}}\boldsymbol{s}$ 就像掩码(mask)一样,掩盖并隐藏了明文消息. $\boldsymbol{e}$ 是从噪声分布中采样的,如果 $\boldsymbol{e}$ 足够小,解密的结果和明文 μ 就会非常接近. 我们可以通过一些简单的技术手段,如将明文编码到消息的最高有效位(the most significant bits, MSB)上,从而准确解密消息.

例 8.26 计算一个具体使用 LWE 问题加密的例子.假设 $n=4$, $m=3$, $q=256$, $e_i \in \{0, 1, 2, 3\}$,所以 $\boldsymbol{e}$ 比较小.由于基于 LWE 问题的解密是近似结果,解密结果中混入了比较小的噪声.为了准确得到解密后的消息,一个常用的方法是把明文消息乘一个系数 Δ,解密结果除以 Δ 取整就可以把较小的噪声去掉,相当于把明文消息嵌入 MSB 中.设置 $\Delta=16$,那么小于 $\Delta/2$ 的噪声都可以用除以 Δ 取整的方法去掉.因为明文要乘 Δ,所以明文的范围也不能太大,否则会超过 q,设明文 $\mu_i \in \{0, 1, 2, 3\}$. 加密和解密不是直接使用 μ,而是使用 $\Delta\mu$,我们把 $\Delta\mu$ 称为嵌入明文(embedded message).

按照 LWE 问题加密的方法,选择 $\boldsymbol{A}$, $\boldsymbol{s}$, $\boldsymbol{e}$:

$$\boldsymbol{A}=\begin{pmatrix} 27 & 251 & 231 \\ 158 & 6 & 209 \\ 202 & 190 & 246 \\ 109 & 134 & 46 \end{pmatrix}, \boldsymbol{s}=\begin{pmatrix} 95 \\ 69 \\ 207 \\ 20 \end{pmatrix}, \boldsymbol{e}=\begin{pmatrix} 2 \\ 3 \\ 3 \end{pmatrix}$$

于是可得公钥 pk:

$$\mathrm{pk}=(\boldsymbol{A}, \boldsymbol{A}^{\mathrm{T}}\boldsymbol{s}+\boldsymbol{e})=\left(\begin{pmatrix} 27 & 251 & 231 \\ 158 & 6 & 209 \\ 202 & 190 & 246 \\ 109 & 134 & 46 \end{pmatrix}, \begin{pmatrix} 119 \\ 224 \\ 147 \end{pmatrix}\right)$$

需要加密的明文 $\mu=[3, 2, 1]^{\mathrm{T}}$,放大之后的嵌入明文为 $\Delta\mu=[48, 32, 16]^{\mathrm{T}}$. 使用公钥加密嵌入明文,得到密文 $\boldsymbol{c}$:

$$\boldsymbol{c}=(c_0, c_1)=\mathrm{pk}+(0, \Delta\mu)=(\boldsymbol{A}, [167, 256, 163]^{\mathrm{T}})$$

使用私钥 $\boldsymbol{s}$ 解密密文 $\boldsymbol{c}$:

$$\widetilde{\mu}=-\boldsymbol{A}^{\mathrm{T}}\boldsymbol{s}+c_1=[50, 35, 19]^{\mathrm{T}}$$

最后除以 Δ 取整,就能得到明文消息 μ.

$$\lceil \widetilde{\mu}/\Delta \rfloor=[3, 2, 1]^{\mathrm{T}}=\mu$$

8.6.3 RLWE 问题

上述 LWE 加密方案中,私钥的长度大致为 $O(n)$,公钥需要存储矩阵 $\boldsymbol{A}$, 大致长度为

$O(n^2)$.加解密计算的复杂度也为$O(n^2)$.当n比较大的时候,才能满足一定的安全需要,所以上述LWE加密方案的效率比较低.

为了提高效率,研究者提出基于环的LWE问题(ring learning with error problem, RLWE)也是常用的格上困难问题.RLWE是在文章"On Ideal Lattices and Learning with Errors Over Rings"中提出的,是LWE问题的一种变形.LWE工作在$\mathbb{Z}_q$上,RLWE工作在$\mathcal{R}=\mathbb{Z}_q[X]/(X^N+1)$的多项式环上($N$一般是2的幂).类似LWE加密,RLWE加密方案从$\mathcal{R}$中随机均匀采样a,从$\mathcal{R}$中随机采样较小的s,从$\mathcal{R}$中按照较小的噪声分布采样e.把s作为私钥,公钥$\mathrm{pk}=(a,\ a\cdot s+e)$,其中$a\cdot s$是多项式环上的乘法,即多项式的乘法模$X^N+1$.

使用RLWE问题显然有以下2个好处.

(1) 密钥(公钥)长度和n是线性关系.而在LWE加密方案中,公钥长度大致是$O(n^2)$.

(2) 加解密计算是多项式环上的乘法,使用离散傅里叶变化来计算多项式乘法,其计算复杂度为$O(n\log(n))$.而在LWE加密方案中,加解密计算是矩阵乘法,其计算复杂度是$O(n^2)$.

基于RLWE的方案可以有更小的密钥长度、更快的加解密速度.RLWE也是一个困难问题,可以提供足够的安全保障.

例 8.27　RLWE工作在多项式环$\mathcal{R}$上,$\mathcal{R}$中的元素都是多项式.一个简单的方法是直接用多项式的系数来表示需要加密的明文消息. 假设$N=4$, $q=2^7=128$, $\mathcal{R}$中的元素是模X^4+1的余式,为3次多项式,有4个系数,每个系数是$\mathbb{Z}_q$上的元素.

需要加密的明文$m=2+3X+3X^2+X^3$,为了解密得到准确的明文,我们也把明文多项式乘一个放大系数$\Delta=4$,解密的时候再除以Δ取整就能过滤掉噪声的影响. $\Delta m=8+12X+12X^2+4X^3$.

随机选择a,私钥s和较小的噪声e:

$$a=124+83X+19X^2+29X^3,\ s=3+6X+7X^2+X^3,\ e=X+X^2+X^3$$

于是公钥pk为

$$\mathrm{pk}=(a,\ as+e)=(124+83X+19X^2+29X^3,\ 110+4X+115X^2+11X^3)$$

加密放大的明文Δm,得到密文$\boldsymbol{c}$:

$$\begin{aligned}\boldsymbol{c}=(c_0,\ c_1)=(0,\ \Delta m)+\mathrm{pk}=(&124+83X+19X^2+29X^3,\\&118+16X+127X^2+15X^3)\end{aligned}$$

使用私钥s解密密文$\boldsymbol{c}$:

$$
\begin{aligned}
\widetilde{\Delta m} &= c_1 - c_0 s \\
&= 118 + 16X + 127X^2 + 15X^3 - (124 + 83X + 19X^2 + 29X^3)(3 + 6X + 7X^2 + X^3) \\
&= 8 + 13X + 13X^2 + 5X^3
\end{aligned}
$$

最后把 $\widetilde{\Delta m}$ 除以 Δ 取整恢复明文 m，并且去除噪声：

$$
\widetilde{m} = \lceil (8 + 13X + 13X^2 + 5X^3)/\Delta \rfloor = 2 + 3X + 3X^2 + X^3
$$

于是得到最终的解密结果，即为明文 m.

参 考 文 献

[1] POMERANCE C. Fast，rigorous factorization and discrete logarithm algorithms [M/OL]//JOHNSON D S，NISHIZEKI T，NOZAKI A，et al. Discrete Algorithms and Complexity. Academic Press，1987：119 - 143. https://www.sciencedirect.com/science/article/pii/B9780123868701500149.

[2] AJTAI M，DWORK C. A public-key cryptosystem with worst-case/average-case equivalence[J/OL]. Electron. Colloquium Comput. Complex.，1997. https://api.semanticscholar.org/CorpusID：9918417.

[3] REGEV O. On lattices，learning with errors，random linear codes，and cryptography[C/OL]//Symposium on the Theory of Computing. 2005. https://api.semanticscholar.org/CorpusID：53223958.

[4] LYUBASHEVSKY V，PEIKERT C，REGEV O. On ideal lattices and learning with errors over rings[J]. Journal of the ACM，2013，60(6).

[5] 胡冠章.应用近世代数[M].北京：清华大学出版社，1999.

[6] 陈恭亮.信息安全数学基础[M].北京：清华大学出版社，2016.

[7] CANTEAUT A. Lecture notes on cryptographic boolean functions[EB/OL]. [2024 - 03 - 10]. https://www.rocq.inria.fr/secret/Anne.Canteaut/poly.pdf.

[8] COHEN H，FREY G. Handbook of elliptic and hyperelliptic curve cryptography [M]. London：Chapman and Hall，2005.

[9] TOLKOV I. Counting points on elliptic curves：Hasse's theorem and recent developments[R]. 2009.

[10] WELSH M C. Elliptic curve cryptography[R]. 2017.

[11] SAGE. Number theory[EB/OL]. [2023 - 10 - 20]. https://doc.sagemath.org/html/en/reference/index.html number_theory.

[12] STILLMAN M. Gröbner bases：a tutorial[R]. 2018.

[13] BUCHBERGER B，KAUERS M. Gröebner basis[J]. Scholarpedia，2010，5(10)：7763.